汉竹编著·健康爱家系列

多肉越肥越美

阿尔 主编

汉竹图书微博
http://weibo.com/hanzhutushu

江苏凤凰科学技术出版社
全国百佳图书出版单位

编辑导读

"多肉放着不用管就能活吗?"

"多肉喜欢晒太阳吗?"

"多肉几天浇一次水?"

"一片叶子就能长出一棵多肉?"

······

多肉是植物界的卖萌明星,小巧可爱的外形引无数人为之倾倒,纷纷将这些"懒人植物"买回家,细心呵护起来。谁知道,原本健康茁壮地多肉却一个个化水、黑腐了,好一点的也徒长成"大饼"或者长成"细高个",完全找不到原来胖嘟嘟、肉呼呼地可爱模样了。

其实,多肉是非常好养的植物,只要你用心去了解它们的习性,给它们提供适合的环境,多肉的美丽自然就能为你呈现。在这里,阿尔首次分享自己学习养多肉的心路历程和多肉的逆袭之路,相信你能从中得到启发。阿尔还教新人避开常见的养护误区,让新人少走弯路。从最基础的入门知识开始介绍,教你怎么买多肉、怎么种、怎么浇水、怎么施肥、怎么繁殖更多的多肉,让多肉新人迅速成长为多肉达人。

养多肉总是会碰到各种病虫害,很多人对此束手无策,本书整理了多肉养护常见问题,让你从中学会如何照顾患病的多肉,做个合格的多肉小医生。为了给大家更多的具体指导,书中介绍多肉品种时还附带了此品种经常会出现的养护问题,并配有多肉病害的图片,能让你一眼判断自己的多肉问题。

让我们跟随阿尔的脚步,一步步走上养多肉的人生巅峰吧!

多彩多肉欣赏

红色

红宝石（见 113 页）

红蜡东云（见 163 页）

白夜（见 167 页）

秀妍（见 126 页）

粉色

紫罗兰女王（见 70 页）

蓝鸟（见 179 页）

白线（见 86 页）

婴儿手指（见 138 页）

黑爪（见 82 页）

冰雪女王（见 200 页）

黄色

苯巴蒂斯 (见 134 页)

蓝色天使 (见 114 页)

玛利亚 (见 161 页)

超级玫瑰 (见 165 页)

美衣 (见 189 页)

碧桃 (见 178 页)

奶油色

蓝色惊喜(见 91 页)

露华浓(见 188 页)

鲁氏石莲花(见 131 页)

白月影(见 72 页)

绿色

厚叶月影（见 127 页）

甘草船长（见 157 页）

紫蝴蝶（见 195 页）

晨露（见 201 页）

杏粉色

雪莲(见 168 页)

芙蓉雪莲(见 169 页)

海琳娜(见 186 页)

冰玉(见 182 页)

勃朗峰(见 198 页)

Part 1
阿尔多肉的逆袭之路

Part 2
多肉新人看过来

Part3
一入 "肉坑" 深似海

Part4
做个多肉小医生

多肉的变化与多肉匠的日常 /54

全力对付病虫害 /58

Part5
养出高颜值多肉

生长迅速易爆盆 /100

人见人爱的多肉新宠 /182

附录：新人入门必知的多肉小知识 /202

Part1
阿尔多肉的逆袭之路

别再羡慕别人家的美肉了，每个人都是从多肉小·白开始的，只要你用心·，你也能养出可爱爆棚的多肉。阿尔也是一样，也是经过一点点摸索，一点点实践，才将多肉一路逆袭成绝美仙肉。

勤勤恳恳做个多肉小学生

回想养多肉的这几年，肉越养越多，越养越美，志同道合的朋友也越来越多，自己的成就感还是蛮大的。其实，最开始养多肉，我也是什么都不懂，只好四处找资料学习，希望能好好养活这些小可爱。下面就说说我和多肉的故事吧。

储备知识，学习基础养护

接触多肉的机缘是因为要给妹妹送生日礼物。我见多肉这么萌，而且长得像花朵一样，但不会像鲜花那样很快枯萎，就想了解一下。多肉植物号称是"懒人植物"，不用怎么管理它们，一周或两周浇次水就好了。所以，我也开始养起多肉来了。虽然对多肉有非常炽热的喜爱，但是一开始我并没有大量购买，而是先大量搜集和学习养多肉的知识。那几年多肉植物刚刚流行起来，市面上很难找到一本关于多肉养护知识的书，所以，我的大部分知识都是从网络上，跟一些前辈学来的。每天沉浸在网络里，搜帖子，还跟养多肉的朋友一起交流养护经验。

后来，发现了二木的博客，写了很多关于多肉的养护经验，我从中受益颇多。可以说，我初期对多肉的基本认识和了解，大部分都来自于二木的分享。

经过三个月的学习，差不多掌握了多肉养护的基本知识。我自己总结了一下，记住了两个关键词"全日照""干透浇透"。多肉都喜欢晒太阳，需要充足的日照；还有就是浇水，干透浇透，土中不能有很多的水，等到土干了再浇水。

这时候我养的多肉越来越好，有了很大的信心：多肉确实挺好养的。所以就开始大胆地大批买肉，才算是正式"入坑"了。

养多肉一段时间后，虽然多肉的颜值有了提升，但是还远不及很多网上的美图。我觉得浇水还可以再精细一些，把"干透浇透"做好，所以就想出记录浇水时间的办法，制作表格，记录下每次浇水的时间，观察多肉的生长变化。开始因为多肉品种不多，就每一盆都记录下浇水时间，看情况延长每次浇水的时间间隔，看多肉的变化是更美还是更丑。长期记录得到的数据，让我渐渐对浇水的规律有了把握。

掌握了不同多肉的浇水规律后，我就开始按照它们的习性为它们浇水。这样就避免了给喜欢干的品种多浇水，给喜水的品种少浇水的问题。这样就可以让每盆多肉都喝足水、喝饱水，久而久之它们也会通过外表变美来回报我。这让我这个多肉匠心里很是欣慰。

由于住楼房，我也不具备露养的条件，但正好我的房间有飘窗，而且是向阳的，每天日照时长超过4小时，于是我就开启了我的飘窗养肉生涯。

多肉小白的养肉经历

国内多肉的流行风刮起来没几年，积累的经验比较少，很多知识和经验都是在实践中被逐渐完善的。最开始大家关注的主要是多肉要不要晒太阳，多肉怎么浇水，而对于土壤的使用还没有特别多的经验。

我开始养多肉是用卖家直接配好的土，自己也没什么概念，后来还买过普通花卉的种植土，这种土比较松软，保水性比较好。我的养护环境是室内，每天有半天的日照时间，因为我的关注点主要是日照和浇水，所以土的问题我也没细想。不过那时候多肉生长得也还不错，虽然不及现在的状态，不过那时候还是感觉很美丽、很棒的。

当时，网络上各种说法都有，还有很多人分享自己的配土，各种土的比例是多少，等等。也有说南北方气候不一样，要有不同的配土方法。当时因为有好友和前辈的指导，我基本没走什么弯路，多肉一直养得还不错。后来我开始改用纯颗粒土，也不是出于试试看这样是不是会让多肉长得更好的目的，而是因为用颗粒会比较干净。配土搅拌的时候不会有很多灰尘，浇水后也不会有泥水流出来或溅到叶片上，用全颗粒养多肉非常的干净。不过，事实证明，纯颗粒土也能养多肉，并且能养得很好，关键是要怎么浇水。

这里澄清一点，不是说只有用纯颗粒土才能养出好的颜色来，大家也不要盲目学我的配土。配土对多肉植物颜色的作用不是绝对的，主要还是日照强度和温度的作用。我的配土也并不是一成不变的，颗粒土基本上是有什么用什么，主要是鹿沼土、麦饭石、火山岩等，铺面一般用火山石和麦饭石，透气性比较好。

给新人一点建议，如果不知道什么样的土壤好，可以用不同的土壤做做试验，同样的多肉、同样的养护，看看哪一种土壤中养出的多肉更好。

在配土方面，可以多试几种搭配方法，看看哪种能养出更好的多肉。

养出好多肉，还要自己摸索

很多时候我也很羡慕一些大神能养出状态简直逆天的多肉，最初是被那些艳丽的颜色所吸引，之后又为一些精致优雅的造型而感叹，还有一些叶片的质感也非常吸引我。渐渐的我对多肉的认识越来越多，自己摸索出的经验越来越适合我的多肉，我的多肉也因此越来越美。我始终觉得养好多肉还是要自己摸索出适合自己的方法，才能让多肉美出天际，不断给自己惊喜。

像养孩子一样养多肉

虽然都说多肉是"懒人植物"，但其实如果你没有耐心和细心是养不好多肉的。我觉得养多肉其实跟养孩子是一样的。养孩子你需要了解宝宝的脾气性格，什么时候是开心的，什么时候是不开心的；他病了及时喂他吃药；他喜欢吃什么不喜欢什么；为了孩子的成长，有时候你也需要放开手让他独自承受一些挫折，你不仅要照顾孩子的吃穿住，还需要关注孩子的心理健康。

养多肉也是这样，了解多肉的习性、生活环境，喜欢晒多少太阳，喜欢喝多少水，什么样的状态是健康的，什么样的情况是出了问题的，这都需要长期的细心观察。多肉生病了、化水了，你应该知道用什么方法、用什么药去挽救它们。为了让多肉呈现出更美的状态，你需要让多肉经历比较长时间的干旱和耐受比较低的温度。你不仅要养活它们，还要为让它们活得更好而研究适合它们的浇水频率、配土、花盆，等等。

了解不同多肉的习性、生活环境、日照时长和浇水量，才能将多肉养得更好、更美。

孩子不是一天两天就能长大的，多肉也不是一天两天就能养好的。无论将来会是怎么样的结果，我们都应不断努力学习和修正养多肉的方式方法。我相信，只要付出时间、努力和爱，一定会有非常满意的收获。

实践出真知

很多人都认为室外露养才是最好的，室外的环境最适合多肉生长，室内是没办法养出状态好的多肉的，因为很多室内养护的多肉又绿又徒，而大部分多肉养得好的人都是在室外露养，还有很多都是在气候条件比较好的地方养，比如云南、山东、新疆等。大家理所当然地认为气候是影响多肉状态最主要的因素。甚至有些人就认为，气候不好的地方就养不出漂亮的多肉。

最初我也是在室内养多肉，那时候只想着好好地养活它们，对它们精心照顾，每天观察它们，看看有什么变化，土壤是不是干了，有没有生病的。养多肉的开始阶段，我也遇到了很多问题，比如徒长、掉叶子等，我会上网查原因，和肉友交流，找到解决的办法。时间久了，逐渐就会照顾自己家的多肉了，死亡率也就越来越低。

多肉能够基本存活后，胆子也比较大了，会尝试着做一些变化。平时储备的那些基本知识，比如浇水、日照、通风等，随着多肉状态的不同都会进行相应的调整。结果证明，室内同样也能养好多肉。

说说浇水这件事吧，开始我只知道花盆里的土干透了就浇水，生长快的时候多浇水，生长慢的时候少浇水。这样的浇水方法基本能让多肉活得很好，但品相就不一定都好了。因为不想把飘窗弄脏，我都是把多肉一盆盆端到浴室里浇水的，这样就非常耗时，有时候太忙，没时间给它们浇水，有的可能会一个多月都没有浇水。不过，结果却出乎我的预料，很多多肉却越来越肥，越来越美。当然这需要掌握好控水的力度，这是让多肉越来越肥的关键。这期间我也发现，多肉的颜色逐渐漂亮起来，而且比别人露养的颜色更果冻、更柔和。究其原因，应该是玻璃阻挡了部分紫外线，使日照强度降低的关系。

所以，很多东西都是在实践中得到的，而且别人总结的方法不一定就适合你。

我知道有很多新人在养多肉的路上都会照搬大神的经验和方法，比如总会有一些肉友询问我用的是什么土，比例是多少，他们认为按照我的配土比例是比较省心省力的事情，也能把多肉养得比较好，但是由于地理气候因素的不同，未必就能如愿养出肥美的多肉。还有一些肉友问我多久浇一次水，每次浇多少水，其实根据环境和配土的差别，浇水量也是有差别的。我想说的是，即便同样是室内养护，我的配土和浇水频率也不一定就适合你。所以可以借鉴别人的经验，但是一定要在实践中总结出适合自己的养护方法和经验。

多肉肉多才是王道

大多数多肉植物生长在干旱、半干旱地区，这就使得它们要有足够的水分储备，以抵抗长久的干旱，所以它们大多叶片肥厚多汁，外形肉嘟嘟的。很多人喜欢多肉也是因为这"肉多多"的外形，就好像小孩子粉嫩肉乎的脸蛋，总忍不住要上手感受下这肉感。

颜色状态越来越美

我经常在微博里发同一棵多肉的成长记录，很多人都说我是"整容圣手"，什么样的多肉到我手里，总能美出新高度。我非常高兴能得到大家的认可和喜爱，但同时也希望越来越多的人喜欢上多肉，能养出更美的多肉。这里和大家分享几个让多肉越来越美的办法。

首先是日照，多肉不仅要尽量长时间的接受日照，而且最好是稍微弱一些的日照，而不是直接暴露在阳光下。强烈的日照虽可以让多肉上色，但也容易晒伤。

低温对于颜色的影响至关重要，也是形成果冻色的核心因素。低温可以降低多肉植物叶片中的叶绿素含量。叶绿素长期的减少能让叶黄素、胡萝卜素、花青素这些有色色素显现出来，所以我的飘窗在冬季时，或者很多地区春秋露养时，因为具备了低温，多肉的颜色会出得很快、很好。而这种颜色是植物本身由内而外地出来的，再配合弱光日照和细心的养护，就可以养出通透干净的果冻色。当然，低温不要低于0℃比较保险，我建议比较适合的温度是在5~10℃。

再来就是配土和浇水的协调，配土要稍有保水性，浇下去的大部分水在短时间能够快速蒸发掉。浇水后，土壤快速干透有利于根系在土壤里进行有氧呼吸，如果土壤还没干透又浇水，根系在水中长时间"泡"着只能无氧呼吸，这样会出现很多问题。土壤干燥时间稍长再浇水，能够刺激植株吸收更多水分，从而长得更肥。

在长日照、弱光、低温的环境下，还需要加大夜间湿度，才能让多肉的颜色更润。低温加夜间高湿度是多肉喜欢的，而高温加高湿度则会令多肉出现问题。以我的飘窗为例，在飘窗环境最优越的冬季，日照时间可达6~8小时，还有5~8℃的夜间低温，最重要的是白天湿度小，夜间湿度大，可达到90%以上。

依靠夜间的湿度，能让多肉的颜色更润、更光滑，好像美图软件里的磨皮效果。听过不少肉友说，我明明干透浇透，也不见多肉长肥，只要控水植物就干巴巴的，如果是这样，可以基本判定两种情况，要么根系有问题，要么环境比较干燥。所以在长日照、弱光、低温的环境下，果冻色形成的最后一道工序就是加大夜间湿度。

授人以鱼不如授人以渔

很多网友经常会问我，我的多肉是怎么养的，希望我能给出详细具体的指导。如果想要自己养出又肥又美的多肉，并不是照搬谁的方法就能做到的。

不是我不愿意跟大家分享我具体的养护方法，而是觉得每个人的环境和花盆材质、配土等都不同，直接给出的方法未必合适。

室内养多肉的小伙伴们基本是在阳台和飘窗的位置养，朝南的阳台或飘窗最适合养喜欢日照的品种，包括大部分的景天科植物，还可以养生石花、肉锥等。南方的夏季可能需要搭遮阳网，当然夏季也可以选择将多肉植物都搬去东面的阳台，这样就能很好地避开强烈的日照时间段了。西侧的阳台也能养多肉，日照时长可能稍微短一些，但是夏季还是需要适当遮阴的，不然也容易造成晒伤。北向阳台大家都以为没有光照，是不能养多肉的，其实也可以利用起来，养一些叶插苗、播种小苗，因为它们在前期基本不需要太多的光照，等小苗逐渐长大后再转移到光线好一点的地方即可。

室内养多肉，浇水是一个完全可以自己掌控的事情，所以，学会浇水是提升养功的必修课。浇水的话，需要注意的就是夏季和冬季。南方夏季湿热多雨，室内空气湿度也比较高，所以这时候就要少浇水，有时候可以断水一段时间，因为多肉也可以从空气中吸收部分水分。北方的室内环境比较干燥，如果是经常开空调的话，多肉是不会休眠的，所以还是要适当浇水的。冬季没有暖气的地域，如果室内温度达不到5℃以上，那么就要想办法保温。浇水应选择气温适宜的下午，水量要少。北方的冬季，室内温度可达15~25℃，比较适宜多肉生长，不必担心冻伤，但是也要注意温度不可过高，尤其是夜间。浇水后应观察植株底部叶片的状况。浇水第二天，多肉叶片硬挺且饱满，则说明控水力度合适，如果浇水后叶片需要两三天才能恢复饱满状态，说明控水力度太大，多肉的部分根系受损了。

Part2
多肉新人看过来

　　多肉新人常常无比心痛地说"我的某某多肉又黑腐了""我的多肉都快徒上天啦"……其实，这是因为他们大多还不了解多肉的习性和多肉养护的要点。养不活多肉、养不好多肉的新朋友快来看看这些入门知识吧，让你快速掌握养好多肉的技能。

阿尔解析新人养多肉的误区

很多人在刚开始接触多肉植物时，完全不知道怎么养，有的人以为它们和普通花卉一样，要每天浇水；有的人以为跟仙人掌一样，耐旱耐晒；有的人则感觉它们是非常娇贵的植物，不敢太阳晒着，不敢雨水淋着……这些都是对养多肉的错误认识，下面一起来看看你有没有走入这些养多肉的误区吧。

误区1 多肉是沙漠植物，不需要浇水

很多人都知道多肉植物属于沙漠植物，生存环境是非常少水的，所以就认为多肉植物基本不需要浇水。其实，多肉植物真正生长在沙漠的只有一部分，如仙人掌科、番杏科等，而市场上比较流行的景天科品种，也就是大部分人非常喜欢的品种是很少有生长在沙漠里的，所以给不同科属的多肉植物浇水还是要区别对待的。

误区2 多肉也是绿植，和花草一样养就对了

热爱养花种草的人，在开始养多肉时，总是以为多肉和花草没什么区别，照样来养就好了。找出个大花盆，装满肥沃的腐殖土，种上多肉，每天浇水……可惜，这样养出的多肉又绿又摊，有的还伸出了长长的"脖子"，或者直接被养死了。

多肉的习性跟一般花草还是不太一样的，它们不太需要肥沃的土壤，施肥不当可能会造成多肉品相不佳。大部分多肉需要阳光充足的环境，且不需要频繁浇水，水浇得太勤非常容易导致多肉茎秆快速增长，叶片间距拉大（徒长），严重的可导致叶片化水、根系坏死、黑腐死亡。

误区 3 多肉防辐射，和电脑更配

许多商家在售卖多肉植物时，都宣称多肉植物具有防辐射的功能，其实多肉并没有防辐射的功能。而且把它放在电脑旁养护，它生长奇快，茎秆纤细，叶子稀疏或下垂，很快就变了模样，完全没有了当初那 Q 萌的感觉。因为多肉植物喜欢阳光充足的环境，在缺光的环境下，会越长越细，越长越丑。

误区 4 冬季要保暖，放在暖气旁

多肉植物的适宜生长温度一般在 18~25℃，低于 5℃ 可能会出现冻伤，所以，北方的肉友到了冬季总喜欢将多肉移到靠近暖气的地方，其实这样做，你的多肉并不会生长得更好。很可能你的多肉叶片会动不动就发皱变蔫，如果浇水比较勤快，又会徒长得变了模样。一般建议，冬季把多肉放在比较保暖，温度也不会特别高的地方是比较适宜的。

误区 5 室内隔着玻璃养不好多肉

室内养不好多肉的主要原因不是玻璃的问题，而是日照时间短。大部分室内环境日照时长都小于 4 小时，这就非常容易导致多肉徒长。但如果室内采光好，每天能够有 4 小时以上的日照时长，养好多肉还是比较容易的。玻璃阻隔紫外线对多肉并非都是不利的影响，它可以降低多肉被晒伤的概率，还能让多肉的颜色更粉嫩。

误区 6 多肉淋雨后赶紧晒太阳

因为多肉植物喜欢阳光，所以一些人有时候会特意将刚刚淋过雨的多肉搬到太阳底下去晒，如果你这么干，你的多肉离死亡也不远了。淋雨的多肉，植株和土壤中存在很多水分，经过太阳的照射，很容易因为植株周围高温、高湿的环境而晒伤或者黑腐。恰当的处理办法是，放置在阴凉处，清理植株叶心的积水，保持环境通风。

了解多肉的"喜好"

很多新人朋友在看到萌萌的多肉后就毫不犹豫地买回家，结果养着养着就死了，甚至有的人养死一批又一批，这也让人觉得多肉不好养。其实，这是因为还不了解多肉的习性。下面我们先来了解下这些小萌物的"喜好"吧，只有知道了它们的"小喜好"才能更好地侍候它们呀！

晒晒太阳好舒服

很多新人会问这样的问题："多肉到底要不要晒太阳啊？"当然要了，万物生长靠太阳啊，多肉也不例外，充足的光照会让多肉越长越好。但是，很多人也会反映说，刚买回来两三天的多肉晒蔫了；夏季多肉叶片被晒伤了；叶插小苗被晒死了……

多肉植物大部分都是喜光的，是需要晒太阳的，但是某些情况下晒太阳也会造成多肉的死伤，比如说上面提到的，买回来两三天晒蔫了，这就是因为多肉还没有适应新的环境造成的；盛夏正午和下午的阳光也容易将多肉叶片晒伤；叶插小苗比较嫩，不能经受太强烈、太长时间的日照。所以，多肉晒太阳也是要分情况的。

春、秋、冬三季可以晒全天的太阳，夏季应避开阳光强烈的时段；强健的成株可以多晒，叶插苗、幼苗要少晒；刚栽种的、未服盆的植株要逐渐晒太阳。

耐旱怕涝

多肉植物的原产地遍布世界各地，但以南非、墨西哥等地居多，生长环境多为干旱或半干旱，这造就了多肉喜光、耐旱怕涝的习性。所以，养多肉要切记：土壤干透再浇水！

胖嘟嘟、圆润可爱的多肉，它们的叶子本身就能储存很多的水分，一般来说，叶片越是肥厚耐旱能力越强。所以，健康生长的多肉可以很久不用浇水。反之，如果经常浇水，土壤长期湿润，那么根系在这样的环境中无法进行有氧呼吸，最终会导致根系腐坏，那么多肉很容易黑腐死掉。新人在掌握不好浇水频率的时候，应遵循"宁干勿湿"的原则，当然这只是对不容易掌握浇水规律的新人来说比较保险的方法。

通风的环境多肉更健康

适宜多肉生长的环境特点总结起来就是"日照充足""通风干燥"。前面说了，多肉是喜光植物，实际上，多肉原产地一年内大部分时间的气温都能保持在 15~28℃，而且一天内的光照时间长，温差大，这样环境下生长的多肉植株健康、品相好。另外，通风干燥也是非常重要的，如果没有这样的环境，多肉很容易徒长、生病长虫，甚至黑腐死亡。通风干燥是夏季养护非常关键的因素，也是室内养护比较欠缺的条件，不过可以通过人工干预来改善，比如开窗通风，开电风扇增加空气流通等。

充分了解适宜多肉植物生长的条件，为多肉营造舒适的环境，多肉才更容易适应，才会生长得更好。

喜欢安逸的生活

多肉植物大多都可以栽种在比较小的花盆中，方便调整位置和装饰空间。其实，多肉是非常喜欢安逸稳定的生活的，所以最好不要将它们移动、调整到两处环境差异比较大的地方。就好像生长在温室的花儿，突然将它放置在自然的环境下，经受风雨的洗礼，它必然不能承受。虽然多肉植物生命力顽强，不至于因为环境变化而死亡，但是也不要经常人为地让它所处的环境发生变化。比如经常换盆、换土，室内养护的多肉突然拿出去晒太阳等。多肉植物生长速度比较慢，而且能够在较为贫瘠的土壤中生存，所以不需要频繁地更换花盆和土壤，一般一两年换一次盆比较好。如果经常换盆、换土，多肉植株的根系会受损，恢复生长期也比较长，从而很难养出好的品相。

以前一直说温差是多肉变色的关键因素，为此有人为了制造大温差，在晚上将多肉植物置于冰箱中冷藏，其实是非常不建议大家效仿这种做法的。

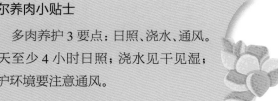

阿尔养肉小贴士

多肉养护 3 要点：日照、浇水、通风。
每天至少 4 小时日照；浇水见干见湿；
养护环境要注意通风。

给多肉安家

多肉植物买回来，要怎么种，怎么护理呢？对于初次接触多肉的你来说，一定存在很多的疑问，不要紧，跟着下面的内容一步步来给多肉们安家吧！

日常护理必备小工具

多肉以后就是家里的一份子了，带它回家就一定要精心地照顾它，呵护它，让它蓬勃地生长。在准备养多肉之前，你还需要这些小工具来帮忙。

小型喷雾器：用于空气干燥时，向植物或植物周围喷雾，增加空气湿度。一般用来给玉露、玉扇、寿等喜欢湿润空气的百合科植物喷水，还适用于叶插、播种小苗等根系比较浅的多肉。同时，喷雾器还可用作喷药和喷肥。

浇水壶：推荐使用挤压式弯嘴壶，可控制水量，防止水大伤根，同时也可避免水浇灌到植株上留下难看的水渍印记。浇水时沿花盆边缘浇灌即可，非常适合新人使用。缺点是，如果养护的多肉很多，用它浇水会花费比较长的时间。

小铲：用于搅拌栽培土壤，或换盆时铲土、脱盆、加土等，是养多肉必备工具。一般多肉的花盆并不大，推荐使用迷你小铲。

刷子：可以用软毛牙刷或毛笔、腮红刷等替代，用于刷去多肉植物上的灰尘、土粒、蜘蛛网、脏物及虫卵等，叶表有白霜的品种不适用。

剪刀：修剪整形，一般在修根及扦插时使用。

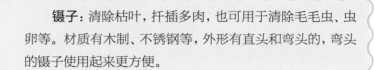

镊子：清除枯叶，扦插多肉，也可用于清除毛毛虫、虫卵等。材质有木制、不锈钢等，外形有直头和弯头的，弯头的镊子使用起来更方便。

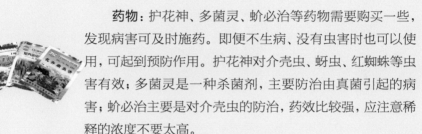

药物：护花神、多菌灵、蚧必治等药物需要购买一些，发现病害可及时施药。即便不生病、没有虫害时也可以使用，可起到预防作用。护花神对介壳虫、蚜虫、红蜘蛛等虫害有效；多菌灵是一种杀菌剂，主要防治由真菌引起的病害；蚧必治主要是对介壳虫的防治，药效比较强，应注意稀释的浓度不要太高。

桶铲：主要是种植的时候用来填土的，干净又方便，不会把土弄得到处都是。这个工具也可以用饮料瓶改造，把饮料瓶瓶身剪成开口是椭圆形的就可以了。

气吹：清除多肉植物上的灰尘，而不损害植物表面覆盖的白霜。维修电脑使用的气吹就可以，家里有的话就不必再买了。

温度计、湿度计：精准测量养护环境的温度和湿度，以便于管理和养护。室外露养的可以不用准备，多关注天气预报也一样，室内养护的还是准备一个比较好。

阿尔手把手教你上盆、换盆

　　"上盆"和"换盆"其实是一样的操作，只不过换盆多了一步：从原来的花盆中取出多肉，去除土壤，修剪根系。修剪根系的多肉，需要放置在阴凉处，晾几小时或半天，等修剪的伤口变干燥就可以开始上盆了。

❶ 为多肉挑选合适的土壤，注意调节好土壤湿润度，准备花盆、多肉、桶铲等工具。

❷ 为了避免土壤从花盆底部的孔洞漏出，可以先在花盆底部铺一层纱布或陶粒。

❸ 装入土壤直到花盆 2/3 高度时，用镊子轻轻夹住多肉，让多肉的底部略低于花盆口。

❹ 继续用小铲或桶铲填入土壤，埋住根部。土加至离盆口 1 厘米处为止，将土壤蹲实。

❺ 铺上一层麦饭石或其他浅色颗粒土，既可支撑株体，又能提高观赏效果。

❻ 放阴凉通风处养护，等过一周左右，多肉有生长迹象了可以大水浇透一次。

上盆、换盆后的养护

从多肉上盆或者换盆开始到多肉正常开始生长的时期，我们称为"服盆期"，因植株的健康状况和环境的不同，服盆期的长短差距很大，春秋季节大概两周就能彻底服盆，恢复生长；冬季或夏季则可能超过一个月。在这期间，需要注意对多肉进行细致的养护。

❶ 上盆或换盆后放在阴凉且通风处，避免日光直射。注意观察多肉生长情况。

❷ 等过一周左右，多肉有生长迹象了可以大水浇透一次。浇水要浇到花盆底部有水流出为止。

❸ 如果多肉植株叶片硬挺，叶心有新叶长出，可以把它搬到有阳光处，逐渐接受日照，开始可以是 1 小时，然后 2 小时……视情况可接受全天日照。

❹ 刚刚恢复生长的多肉，需要谨慎淋雨，如遇阴雨天需要遮雨。

最后，如果多肉在种植后的两三个月都没有生长迹象，则建议重新修根、上盆。

花市买回的多肉这样处理

刚从花市或者大棚买回来的多肉不要急着浇水。多肉来到新的环境，需要慢慢适应一下，因为花市和大棚的养殖环境和家庭养护环境不太一样。

❶ 要将多肉植物摆放在阳光充足且有纱帘的窗台或阳台上，也就是散射光充足的地方，千万不要放在阳光直接照射或光线不足的场所。

❷ 不要立即浇水，先放 3~5 天，等多肉植物逐渐适应新环境后再浇少量水，之后可以给予更多的阳光照射。大约两周内多肉就能适应新的环境了。

刚买回来的多肉，在上盆或换盆后要掌控好光照和浇水的技巧，让多肉尽快适应环境。

Part3
一入"肉坑"深似海

　　每一个跌入"肉坑"的人都会感叹:"一入'肉坑'深似海,从此钱包是路人!"养多肉是一条不归路,买了肉,买盆,买了盆还要买土,盆空着又忍不住要买肉……我们就在这样的循环中,痛并快乐着!

兴奋入货

刚刚接触多肉的新人，都忍不住通过各种途径去买肉、买漂亮的盆，还有各个大神使用的多肉土，期待着将自己的多肉越养越多，越养越美丽。不过还是要提醒各位新人，刚开始养多肉还是不要买太多、太贵的品种，以免照顾不到，死伤太多，打击养多肉的信心。

多肉买买买

现在买多肉的途径非常多，也非常方便，你可以去花市买，你也可以足不出户在网上挑选心仪的多肉。这里分享给大家一些买多肉的技巧，希望新人能够挑选到实惠又漂亮的多肉。

花市买多肉需要砍价

在花市买多肉，需要自己砍价，一般商家都会把价格虚抬一些，对于新人来说很容易"被宰"。如果新人对多肉的品种和大概的价格有些了解的话，就能将价格"砍"到合理范围内。

网购多肉最好选择一物一拍

网上购买多肉虽然很方便，但也有很大的弊端，因为无法看到实物，很可能你收到的多肉的大小、颜色等，跟在网上看到的图片差距很大。所以，在网上买多肉时可以选择一物一拍的商家，这样出现差距的概率会小很多。

颜色艳丽的多肉需警惕

网上买多肉还需要警惕图片颜色过于艳丽的商家，那些图片很可能是商家过度修图的结果。在花市也存在一些艳丽的多肉，一些商家称它们为"某某锦"，价格比较高。它们大部分中心的部位为白色、淡黄色，与外围叶片颜色反差大。这种多肉是被施用了药剂导致叶片变色，肉友们都称之为"假锦""药锦"。这种多肉买回家很可能因为施用了药物而死亡，好点的情况就是，艳丽的颜色逐渐恢复正常颜色，变成一株普通的多肉。

挑选健康的多肉

在花市和多肉大棚买多肉，要注意挑选植株健康的多肉。健康的多肉首先是叶片肥厚，颜色自然，无霉烂、虫洞等。如果叶片饱满、排列紧密，茎秆较粗，没有出现徒长的情况，则这样的多肉更好。

按照购买多肉的技巧来挑选健康、心仪的多肉吧。

花盆好看也要实用

为多肉选个舒服又漂亮的家，并不是件容易的事。住在合适的盆里，多肉们才能更萌、更健康。

花盆不宜过深

多肉植物生长缓慢，根系相对较浅、较短，所以不用特别深、特别大的花盆。一般成株用 4~8 厘米深的花盆就可以，玉露、万象等根系相对较深，可以用 9~15 厘米深的花盆。如果一定要使用较深的花盆，最好用大颗粒将底部垫高。

花盆直径在 10 厘米左右较适宜

选盆时一定要注意根据植株的大小进行选择，一般花盆直径比多肉的直径大 2~5 厘米为宜。小苗不要栽大盆，大苗不要用太小的盆。通常商家售卖的多肉植物直径在 5 厘米左右，花盆直径选择 10 厘米左右的就可以了。

不同材质花盆优劣对比

材质	优点	缺点
塑料盆	质地轻巧，价格便宜	透气性和透水性一般；使用寿命短；不美观
陶盆	透气性、透水性能好，有利于植物生长	盆器重，搬运不方便；易破损
瓷盆	制作精细，涂有各色彩釉，比较漂亮	透气性和透水性差，不利于植物生长；极易受损
玻璃盆	能直观看到土壤的潮湿程度，造型别致，规格多样	一般没有底孔，不利于植物生长；非常容易破损
紫砂盆	外形美观雅致，透气性主要取决于盆壁的厚度，盆壁越薄透气性越好，一般的紫砂盆透气性比瓷盆稍好	价格昂贵；透水性较差，浇水不当容易导致烂根；容易损坏
木盆	常用柚木制作，呈现出非常优雅的线条和纹理，具有田园风情；透气性和透水性较好	较容易腐烂损坏，使用寿命短
泥盆	又称瓦盆，透气性和透水性好，价格便宜	不美观，易损坏

土壤的选择

疏松透气、排水良好的土壤最有利于多肉的生长，建议新手选用多肉专用营养土来栽种，这是最省力、省心的。等到自己慢慢积累了一些经验后，可以根据自己的养护环境和浇水习惯自行配置混合土。

一般性土壤

多肉专用营养土：是商家自行配置好的土壤，一般由多种颗粒土和营养腐殖土混合而成，成株、幼苗都可以使用，透水、透气，且肥力也不错。

园土：经过施肥和精耕细作的菜园或花园中的肥沃土壤，非常容易获得，但是透气性太差，容易板结，需要配合其他介质使用。

泥炭土：呈酸性或微酸性，其吸水力强，有机质丰富，较难分解。它是古代湖沼地带的植物被埋藏在地下，在淹水和缺少空气的条件下，分解为不完全的特殊有机物，属于不可再生资源，建议大家尽量少使用或者不使用，可以用椰糠来代替。

椰砖：由椰糠压缩而成，透气、保水，价格低廉，需要泡发后才能使用，而且不含有营养物质，需搭配其他介质使用。

蛭石：通气性好、孔隙度大，持水能力强，保水、促发根作用明显，但长期使用容易致密，影响透水效果。

腐叶土：是由枯枝落叶和腐烂根组成的腐叶土，它具有丰富的腐殖质和良好的物理性能，有利于保肥和排水，土质疏松、偏酸性。

常用颗粒土

煤渣：蜂窝煤燃烧之后的残渣，透气性、保水性很强，搭配或者不搭配其他介质都能使用，不过使用前最好用清水浸泡一夜。

陶粒：多种材料经过陶瓷烧结而成，大部分呈圆形或椭圆形，具有隔水、保气的作用，一般在比较深的花盆中垫底使用，也可以与其他介质混合使用。

麦饭石：有很多种颜色，常见的为淡黄色，透水性好，含有多种微量元素，有改善土质的作用。可与其他介质混合使用，还可以做铺面石使用。

赤玉土：褐色，由火山灰堆积而成，透水、透气性好，但时间久了容易粉末化。

珍珠岩：天然的铝硅化合物，具有封闭的多孔性结构。通气良好，保湿、保肥效果较差，材料较轻，易浮于水上，不宜单独使用。

火山岩：红褐色，含有丰富的微量元素，透水、透气，抗菌、抑菌。

天然粗沙：浅黄色或白色，主要是直径两三毫米的沙粒，呈中性。粗沙中几乎不含营养物质，具有通气和透水作用。可以用来铺面，也可以和其他介质混合使用。

配土的基本原则和方法

多肉植物的配土，有一个总的原则，那就是通气透水、保水保肥。一般性土壤，如泥炭土、腐叶土等，质地疏松，保水作用较强，且营养丰富，利于植物发根，但是长期使用容易板结，影响保水能力。大部分颗粒土的通气透水作用比较好，而保水保肥的功效比较弱。所以配制多肉用土时，应将两类土壤混合，使通气透水、保水保肥的作用发挥到最佳。

颗粒土是养多肉必不可少的，配土时应注意颗粒的大小和比例。如果颗粒太小或者太少，土壤就不够透气，容易板结；如果颗粒大、颗粒多就不太能够保水、保肥。

下面来说说不同植株的配土比例。

叶插苗、小苗：颗粒土与一般性土壤的比例为 3:7。

大于 5 厘米的成株：颗粒土与一般性土壤的比例为 1:1。

老桩：颗粒土与一般性土壤的比例为 7:3。

上述配土比例只是较为普遍性的情况，仅供参考。如果当地气候比较潮湿多雨，可适当增加颗粒土的比例；如果当地气候比较干燥，可增加一般性土壤的比例。另外注意，叶插苗、小苗的颗粒土最好选择直径在 1~3 毫米的小颗粒；成株和老桩使用的颗粒土最好是多种规格混合的，如直径在 1~3 毫米、3~6 毫米和 5~8 毫米的颗粒土。

阿尔养肉小贴士

多肉配土遵循通气透水、保水保肥的原则即可。颗粒土与一般性土壤的比例还需要根据自己的环境和植株生长的状态进行调配，不能盲目照搬别人的配土比例。

给多肉配土时要遵循通气透水、保水保肥的原则。

浇水十年功

光照、温度、水、土壤、空气湿度是影响多肉生长的主要因素，其中最容易控制和改变的因素是水，最难掌握的还是水，修好"浇水"这门课并不容易，你还需要在实践中慢慢摸索。

见干见湿的浇水法则

新人对多肉的热情总是特别高涨，今天喷喷雾，明天浇浇水的。其实，这样反而对多肉不好。新人应谨记浇水的法则：见干见湿。土壤完全干了再浇水，浇水时应让土壤完全湿透。给多肉浇水应选择干净、无污染的水，也可以使用沉淀、过滤后的雨水，而且最好是提前把水晾晒一段时间，让水温接近室温即可。

浇水小窍门

❶ 生长旺盛时多浇，生长缓慢时少浇。

❷ 小苗多浇，老桩少浇。

❸ 叶片肥厚的少浇，叶片较薄的多浇。

❹ 土壤颗粒多的多浇，土壤颗粒少的少浇。

很多人都说夏季要少浇水，不然很容易黑腐，其实应该说夏季生长缓慢或会休眠的品种要少浇水，比如黑法师、山地玫瑰等；对于夏季正常生长的多肉来说，还是要多浇点水的，长期不浇水会使纤细的须根干枯。

小苗根系浅，浇水量不用太大，但要勤浇，保持土表湿润；老桩的根系较多且深，而且很多都木质化了，一次浇水量要少，浇水间隔也相对较长。

叶片肥厚的多肉储水能力比较强，能耐受较长时间的干旱，所以浇水间隔比较长，反之，叶片较薄的储水能力较弱，就需要较频繁地浇水。

浇水还要视土壤的透水和保水能力而定，简单说颗粒土比例越高，浇水需越勤。因为颗粒土的透水性强，而保水能力差。如果泥炭土、腐叶土比例高，则土壤透水性差、保水力强，浇水就要少了。

叶片薄的多肉要多浇水。

3 种方法判断是否该浇水

观察法：在生长期，多肉的叶片出现褶皱，或者叶片向内收拢时就可以浇水了。浇水第二天就能看到多肉叶片饱满起来，这说明多肉根系健康。

竹签法：在花盆中插入一根竹签或小木棒，最好一直插入花盆底部，经常抽出竹签查看它是否带出泥土，如果有泥土带出，说明土壤还比较湿润，如果没有泥土带出则表示该浇水了。

掂量花盆重量法：盆土充满水分时和盆土干燥时重量是有很大差异的。有经验的肉友也可以通过掂量花盆的重量来判断是否需要浇水。这需要长期的经验累积。

浇水时间段

浇水也要注意选择时间段，比如春季、秋季可避开中午阳光比较强烈的时间段，选择早晚浇水。因为高温时浇水，就好像给多肉的根系做"桑拿"，花盆环境闷热潮湿，对根系健康非常不利。

夏季天气炎热，禁止中午浇水，最好在太阳落山后再浇水，这样既避免了"桑拿"，也可以让水分有更长的时间进行蒸发，也不至于第二天造成闷热潮湿的花盆环境。冬季应选择温暖的午后浇水，避免早晚气温过低浇水造成冻害。

浇水的多种方法

有人说，浇水还有什么方法，直接拿水壶浇就是啦。看似简单的浇水，其中也有不少小技巧的。

一般浇水方法：直接用水壶或其他器皿盛水，沿着盆边浇水，注意应控制水流，慢慢、细细地浇，这样有助于土壤充分吸收水分。

喷雾：用喷壶喷雾，这种方法适合叶插小苗的浇水，另外，百合科多肉植物夏季也可以采用这种方法浇水。

浸盆：在大一些的容器中注入清水，水深大概为花盆高度的 2/3，然后把花盆放入容器中，让水从花盆底部慢慢浸润到表层，表层土壤变湿润就可以拿出来了，不要浸太久。

浇水后注意通风

别以为浇完水就没事了，浇完水还要注意通风哦！尤其是夏季闷热的天气和室内养护时，浇水后要注意清理叶心的积水，可以用气吹或电风扇吹走水滴，同时加强空气的流通。

阿尔养肉小贴士

一些肉友按照网上或其他肉友的方法每周浇一次水，或者 10 天浇一次水，这样做虽然能保证你的多肉不会旱死或者涝死，但并不能保证养出好状态来。合适的浇水频率还需要自己在实践中慢慢摸索。

薄肥勤施，让多肉快点长大

虽然说多肉的原产地大多土壤贫瘠，多肉生长不需要太多的养分，但是适当的施肥能够促使多肉生长得更快、更肥。

适合多肉的肥料

多肉植物不需要特别多的肥料就能长得很好，所以不用经常给多肉施肥，一次施用的肥料也不要太多，否则会烧坏根系。适合多肉的肥料的特点是肥力持久，肥效缓慢。缓释颗粒肥就是这样的肥料，肥效长达半年。大家还可以使用鸡粪、蚯蚓粪、羊粪等有机肥料，效果也不错。

多肉的施肥方法

常用的肥料形态有两种，一种是缓释颗粒肥，一种是液体肥，这两种肥料肥力持久、释放慢、施用方便、干净、无异味。更推荐使用缓释颗粒肥。

缓释颗粒肥的施用方法：平时施肥可以把缓释肥直接放在花盆表面即可，10厘米口径的花盆放8粒左右，肥效可持续半年。也可以在盆土中挖坑，将缓释肥埋入其中。在上盆时，也可以和土壤混合均匀后使用。

液体肥的施用方法：液体肥应选择高磷钾配方的，按照使用说明书的稀释比例兑水稀释，然后可以喷洒于植株表面，也可以像正常浇水时那样灌根或浸盆。

上盆时可将缓释颗粒肥和土壤混合后使用。

施液体肥时可以用挤压式弯嘴壶灌根。

把握施肥时机

施肥应选择在多肉的生长期，休眠期不能施肥。一般来说，初春是多肉植物结束休眠期转向快速生长期的过渡阶段，此时施肥对促进多肉植物的生长是有益的。

7月、8月正值盛夏高温期，一些多肉植物处于半休眠状态，应暂停施肥。刚入秋，气温稍有回落，植株开始恢复生机，可继续施肥，直到秋末停止施肥，以免植株生长过旺。冬季一般不施肥。

当然也有一些是例外的，夏季生长旺盛的品种，如火祭、子持莲华、小米星等，就可以在夏季施肥；冬型种的雪莲在冬季生长旺盛，也可以在冬季施肥。

适当施肥养壮多肉

植物所需营养主要是氮、磷、钾，三种营养素对植株生长的作用是不一样的。氮肥主要是促进植物枝叶生长，增加叶绿素，施用过多会导致植株茎叶徒长。磷肥能够促进植株生长发育，多发新根。钾肥能使植株茎秆强健，增强植株抗病虫、抗寒、抗旱的能力，促使根部发达。所以，应少用氮肥，适量施用磷肥、钾肥可使多肉更健壮。另外应注意，施肥与浇水是相互配合的，需水量较多的多肉，需肥也相对多一些。

自制肥料

除了购买肥料，我们还可以在家自制肥料。

浸泡液肥：用缸、罐、瓶等容器装入果皮、烂菜叶、鱼骨、动物下水、蛋壳、霉变的食物等厨房废物，然后加入适量清水，再加入一些杀虫剂，盖上盖子（腐熟过程中会有气体产生，盖子不要密封太严，以释放气体，防止容器涨破），常温放置，夏季3个月左右可以完全发酵。经过高温腐熟发酵后的液肥，取上部的清液，加30倍水稀释即可施用。

堆肥：同样的厨房废物可以埋入土坑中，加入杀虫剂，并保持土坑湿润，经过两季腐熟即可使用。腐熟后的肥料可以掺入培养土中做基肥使用。

这类自制肥料的优点是肥力释放慢、肥效长、容易取得、不易引起烧根，而且能够废物利用，减少环境污染。这里需要注意，没有经过发酵的淘米水、豆浆、牛奶、鱼虾之类不可以直接施用。

阿尔养肉小贴士

给多肉施肥并不是必需的，只是锦上添花的举措。播种苗、叶插苗和植株较弱小的多肉禁止施肥，否则容易死亡。

多种方法繁殖，成为多肉大户

多肉的繁殖也是非常吸引人的，不仅能无成本得到更多多肉，而且繁殖的过程会让你充满期待。多肉植物采用的繁殖方法主要有叶插、砍头、分株和播种。快来跟我体验这不可言传的美妙吧！

神奇的叶插

❶ 准备叶插的土壤和容器。一般的多肉营养土就可以，花盆深 5 厘米左右就可以。

❷ 选取多肉植株上健康的叶片，捏住叶片轻轻左右晃动，保证叶片生长点完整。

❸ 把叶片平放在营养土上，放置在太阳不直射的通风位置。为了保证空气湿度，可以隔天喷雾 1 次。

❹ 1~3 周叶片就会生根或出芽。出根后将根系埋进土壤中，并让其逐渐接受日照，定期喷雾。

叶插苗养护注意事项

叶插苗出根出芽后，应放在东面的阳台，或只能晒到早上太阳的地方。

叶插苗的根系嫩白，根毛发达，吸水能力强，所以浇水可频繁一些，使用泥炭土或腐叶土的比例可以大一些，这样小苗能更快长大。

砍头也能活

砍头是扦插繁殖中的一种方法,多针对茎秆比较长的多肉植物,对其顶端进行剪切,从而促使侧芽生长的一种繁殖方式,是让多肉植物从一株变为两株,从单头植株变为多头植株的较为理想的方式。

❶ 选择需要砍头的多肉。徒长的多肉可以利用砍头来重新塑形,茎秆出现病害的多肉,也可以用砍头来"拯救"还健康的部分。

❷ 选择恰当的位置砍头,剪口平滑。剪切前可以将部分叶片摘除,这样更有利于剪出平滑的切口。

❸ 将剪下的部分摆放在通风干燥处晾干伤口,注意伤口不要碰脏。剪完的底座伤口也要晾干,不要暴晒。

❹ 等伤口干燥后,剪下的"头"就可以插入土壤中等待重新生根。

砍头后的养护

砍头后刚栽种的多肉应放在有明亮光线处但不被太阳直射的地方。春秋季节砍头后,一周左右会生出新根,可浇透一次,等再过一周就可以移至太阳直射的地方,照射2小时左右的日光,然后视多肉生长情况可逐渐增加日照时长。约4周后就可以正常养护了。

剪完的底座等伤口结痂就可以放回原来的位置,进行正常养护了。10~15天后,你就会发现底座上会生出一些"小头"来,很快它就会长成一棵漂亮的多头多肉了。

分株，简单安全的繁殖方法

　　分株是指将多肉植物母株旁生长出的幼株剥离母体，分别栽种，使其成为新的植株的繁殖方式，是繁殖多肉植物中简便、安全、成功概率高的方法。容易群生的品种都可以用分株的方法繁殖，常见的有观音莲、玉露、宝草等。

❶选择需要分株的健康多肉植物，将母株周围旁生的幼株小心掰开，有根系的尽量保留根系。

❷然后给幼株上盆。摆正幼株的位置，一边加土，一边轻提幼株，直到土加满为止。可以轻轻蹲一蹲花盆，让土壤更紧实些。

❸母株和其他幼株用同样方法上盆。

❹用刷子清理盆边泥土，然后放半阴处养护，静待多肉恢复。

分株注意事项

　　像观音莲、子持白莲、子持莲华等的幼株有伸长的茎秆，分株时尽量将茎秆保留长一些，并且要等伤口晾干后再上盆。

　　若秋季进行分株繁殖，要注意分株植物的安全过冬。

　　进行分株的幼株最好选择健壮、饱满的，成活率较高。

　　若幼株带根少或无根，可先插于沙床，生根后再盆栽。

　　刚刚分株后的植株须放散射光充足且通风处养护。

考验耐心的播种

　　播种是指通过播撒种子来栽培新植株的繁殖方式，这也是大多数植物采用的常见繁殖方式。多肉植物中许多品种都可以通过自株授粉或异株授粉来获得种子。新手可以直接购买多肉植物的种子播种栽培。播种是一个非常漫长的过程，看着小小的种子一点点长大是非常需要耐心的。

❶ 准备播种用的营养土和育苗盆，土壤以细颗粒为主，将土装满育苗盆，表面弄平整并浸盆。　❷ 多肉的种子特别小，播种时要放到白纸上，用牙签蘸水然后将种子点播在育苗盆中，注意不要覆盖土壤。

❸ 把育苗盆摆放到光线明亮处，避免阳光暴晒。可以给育苗盆蒙上塑料薄膜，并在顶部用牙签扎几个孔透气，这样既能保持湿度又不会闷热。　❹ 早晚喷雾，保持盆土湿润，注意出芽前不要晒太阳。

播种注意事项

　　多肉种子的发芽适温一般在 15~25℃。景天科多肉播种不分季节，但是建议新手在秋季播种，一来种子容易萌发，二来小苗经过冬季和春季的生长能更好地度夏。

Part4
做个多肉小医生

多肉虽然生命力顽强，但也会有病虫害出现。面对多肉的病害，你是否还束手无策，眼睁睁看着它们离你而去？别急，下面就教大家做一名合格的多肉小医生。其实，预防病虫害的关键点是"早发现、早治疗"，对多肉的观察力是十分重要的！

别紧张，这些不是病

　　刚接触多肉的朋友，对于多肉的变化不是特别了解，不知道什么样的情况是正常的变化，什么样的情况是生病了，需要采取措施。多肉植物是有生命的，它们在四季甚至每个月的状态都不太相同，新手朋友们不要太紧张了。

多肉茎秆上长出了根，是好现象吗

　　虹之玉、玉吊钟等品种非常容易在接近土壤的茎秆部位生出白色的根系来，这种根称为"气根"，主要作用是吸收水分和空气。一般情况下气根对多肉本身的影响不大，可以不用理睬。还有一些情况是，多肉茎秆萎缩，或者土壤中的根系吸不到水分，或是新栽种未服盆的植株，也会长出气根。这时候需要观察多肉的状态，如果叶片萎缩，浇水也不见缓解，那么就应脱土，进行修根或修剪枝干，重新栽种。

多肉底下长新芽怎么办

　　很多新人最初对多肉的认识都是单头，当它开始长侧芽时就觉得很奇怪。这种情况你可以让它自然生长，长成多头，如果不喜欢，也可以剪下来栽种。

多肉开花了，会不会死

　　我们常见的多肉品种一般开花并不会死，开花后死亡的只是少数品种，最常见的是瓦松属的子持莲华、富士、凤凰、瓦松等。还有黑法师、山地玫瑰、观音莲、银星、小人祭等老的母株开花后就会萎缩死亡。不过母株死亡后，在两旁会长出新的小株，这是植株一种自然的更新。还有龙舌兰也是开花后主株死亡，旁生侧苗，但龙舌兰开花有的需要几十年甚至上百年。

　　许多人不知道拿开花的多肉怎么办，其实，如果你觉得花朵还挺漂亮，可以正常养护，让它继续开花。也可以用不同植株的花朵相互授粉，培育种子。开花会消耗母株大量的营养，所以如果你觉得不好看，那就早早地剪掉。另外如果植株本身的状态不太好，还是建议你剪掉花箭，避免开花使母株雪上加霜。

新栽种的多肉外围叶片总是软软的

新上盆的多肉，因为根系受损，不能有效吸收水分、营养，所以植株底部的叶片渐渐消耗营养以维持生命，就会显得蔫蔫的，用手摸叶片比较软，不硬挺，这是正常现象。一般新栽种的多肉都会在消耗底部的几片叶子之后才会正常生长。

叶子出现红色斑点，是病害吗

叶片有斑点，植株生长正常，也没有化水的迹象，这就很可能是晒伤。这种程度的晒伤对植物生长基本没有什么影响。红色斑点很可能是阳光比较强烈时浇水，没有把叶片上的水分吹干造成的。以后的养护中，尽量避开阳光强烈的时间段浇水，并加强通风，或者手动把水分吸干。养成这种习惯，多肉的品相才会更美。

多肉表面长了白粉，是什么病

如果不是多肉植株本身长的白粉的话，可能是一种白粉病，需要立即和其他多肉植物隔离开来，因为此病会传染。可以到花店或网上购买腈菌唑或氟菌唑，然后按照说明书的使用量对整株及盆土表层喷药治理。白粉病的发病原因多是土壤潮湿、荫蔽时间太久。所以浇水一定要见干见湿，生长季接受充足的日照。

多肉本身的白粉用手触摸就会掉，而白粉病是不会被水冲掉的，用手摸也不会掉，这是区分两者的关键。

多肉底部叶片要枯萎了，正常吗

多肉底部的老叶片枯萎一般是正常现象，这是多肉正常代谢，自身消耗的表现。但是还有很多新人分不清老叶的正常代谢和病态的化水现象。一般来说，如果叶片枯萎或化水的比较少，速度慢，就是正常的老叶消耗，不用担心。

但是如果化水的叶片比较多，比较迅速，那就要开始留心是不是病态的了。此时，需要时不时地观察多肉的状态，视多肉的自身情况来采取砍头、摘叶子等方法处理。

多肉的变化与多肉匠的日常

　　自从有了多肉的陪伴，每天都能发现它们的新变化，有时候也会被它们的变化惊吓到。欣赏多肉、观察多肉、照顾多肉，应该是每个多肉匠的日常吧，就是在这样美妙的时光中，我们才会慢慢了解多肉，从中找到解决各种疑难杂症的办法。

多肉徒长怎么办

　　一般多肉徒长是由于光线不足导致的，但这也不是多肉徒长的全部原因，盆土过湿，施肥过多，同样会引起茎叶徒长。所以，日常养护的时候就要避免浇水、施肥过多。如果已经徒长了，要移到通风良好、日照充足的地方继续养护。一段时间后徒长会停止，之前徒长的茎叶间可能会长出侧芽，慢慢地自然会赋予它更美丽的造型。如果过度徒长，株形难看，也可以采取砍头的方式，重新栽种。

叶子晒伤了，还能恢复吗

　　如果不小心把多肉的叶片晒伤了，除了将它移至阴凉处外，并没有更好的办法让它恢复。晒伤的叶片会留下瘢痕，只能等待新叶长出，逐渐消耗掉老叶。如果生长点的嫩叶都被晒伤，会从那里生出多头来。以上说的是晒伤不严重的情况，如果晒得太严重会直接把叶片晒化水的，这时候要摘除这些叶片，并放置到通风、阴凉的地方。大家一定要切记，晒伤后千万不要浇水。

多肉三四个月都没长大是怎么回事

　　多肉的生长速度比一般花卉要慢一些，但是如果你的多肉三四个月都没有长大，且叶片颜色基本保持不变，这很可能是僵苗了。僵苗，顾名思义，就是植株像千年的僵尸一样没有变化。这时候你可以将它取出，清理根系，重新栽种，让它重新发根，多数情况下会有好转。

为什么花盆里的土越来越少

　　细心的朋友会发现，花盆里的土越来越少，这是因为，种植初期的土壤比较蓬松，随着浇水次数的增加，土壤密度逐渐变大，土表就会渐渐下沉，显得少了。还有就是因为浇水会造成一小部分土壤从花盆底孔流失。

多肉休眠了，怎么养护

首先你要了解，多肉什么样的状态说明它在休眠。浅休眠状态的植株一般是生长缓慢，叶片颜色黯淡无光，深度休眠的植株叶片会包拢起来，有一些则表现出底部叶片逐渐枯萎。

对于夏季休眠的多肉，你可以把它放到阴凉的角落里，散射光环境下养护，浇水量要少，浇水间隔要长。忌大水浇灌，可在偶尔天气凉爽的时候多浇水。散射光、少水、通风，记住这关键三点就可以很好地照顾休眠的多肉了。冬季休眠的多肉，应放在温暖处，少浇水。

叶子一碰就掉了是怎么回事

多肉掉叶子的原因有很多。比如虹之玉这类叶片肥厚、叶柄连接处较小的多肉，健康的植株也是一碰到叶子就掉落。还有的是因为水浇多了，徒长，也会比较容易掉叶子，这种情况就需要减少浇水，放在光照充足、通风的地方养护。银波锦属的熊童子在温度过高的时候也会掉叶子，注意人工降温就好。

最恐怖的掉叶子就是黑腐了。黑腐造成的掉叶子可能是这样的：手指刚碰到一片叶子，四五片叶子甚至是整个多肉的叶子都掉落下来，好像它们不是长在一起的，而是堆叠在一起似的。这种情况的多肉已经彻底没救了，如果同盆还有其他多肉，需要将花盆放置到通风干燥的地方。还有一点要注意的是，不要急着挖出黑腐的多肉，如果此时挖出刚黑腐的多肉，很可能会伤及其他多肉的根系，从而给真菌入侵其他多肉制造了入口。如果黑腐不是特别严重的，可以进行摘叶子、砍头等措施尽量挽救。

阿尔养肉小贴士

多肉休眠其实是比较危险的时期，应好好护理，如果有条件可以改变温度，尽量不要让多肉休眠比较好。

多肉摔掉了叶子，只剩茎秆了，还能活吗

喜爱多肉的朋友经常忍不住将多肉拿在手中把玩，一旦手滑，多肉就会摔个"粉碎性骨折"，让人心痛不已。不过，还好多肉够坚强，只要根系健康，重新种好后恢复生长的可能性还是比较大的。

多肉都那么干净，怎么做到的

很多人都惊叹为什么我养的多肉都那么干净，除了因为全年室内养护，灰尘比较少之外，我是从不往叶片上面喷雾或浇水，极个别的少数有一两次。还有绝不动手摸，经常用气吹清理灰尘。如果你对品相要求高的话，保持干净清爽的叶片会为整体美观度加分不少的。

给多肉换盆的最佳时机是什么时候

多肉换盆的最佳时期可以分为如下两个时期：一个是春季和秋季这两个时间段，因为这个时候的温度、日照和水分都比较适合，特别是温度。春秋的温度适宜，多肉可以较好地恢复。另外一个时期就是开花以后，一般来说，所有的植物都适合在开花后换盆。

发现花盆周围有蚂蚁，需要清理吗

如果在多肉周围发现蚂蚁，那说明蚜虫也离你的多肉不远了。蚂蚁非常喜欢吃蚜虫的粪便，一种含糖丰富的"蜜露"。蚂蚁就好像昆虫界的牧人一样，它们把蚜虫搬运到不同的"牧场"放牧，然后就可以得到食物了。蚜虫为蚂蚁提供食物，蚂蚁保护蚜虫，给蚜虫创造良好的取食环境。通过对它们之间这种互利共生关系的认识，你就知道发现蚂蚁意味着什么了吧?

如果发现蚂蚁在你的花盆里活动，还是换土吧。如果蚂蚁只是在花盆周围活动，可以采用诱杀的方法，用鸡蛋壳、面包屑等引诱蚂蚁，然后集体杀灭，需要连续诱杀几天。多肉植株最好也喷洒 3 次杀虫剂，因为蚂蚁很可能已经把蚜虫放置在多肉植株上了。

砍头的多肉，多久才能种

　　一般建议砍头后的多肉在明亮通风、没有阳光直射的地方晾干伤口后再种。这个晾干伤口的时间不一定，一般1~3天都没问题。你可以观察伤口的干燥程度，伤口呈现出微微收缩的状态就可以了。

　　有人说，砍头后直接种也没问题啊，一样能活。当然，这种做法在春季和秋季比较常见，晾干伤口是更为保险的做法。

多肉茎秆干瘪了，怎么办

　　多肉茎秆干瘪，叶片发皱，是根系出了问题。最好采取砍头的方式，将干瘪的茎秆去除，只留下健康的部分，晾干后重新栽种。

　　出现茎秆干瘪的情况，可能是土壤板结引起的。板结的土壤即便正常浇水，根系也吸收不到多少水分，长期下来根系就会枯死，进而导致茎秆逐渐萎缩。

出差一段时间不在家，多肉该怎么办

　　如果是短期出差，10天以内的话，露养的朋友出门前要看看天气预报，未来天气如果有暴雨或冰雹，或者是突然降温或突然升温，都需要提前做好预防措施。室内养护的就简单多了，出门前浇一遍水就可以了，不用担心冰雹、暴雨雪。如果出差时间更长的话，最好找人帮忙浇水，把多肉分出需要多浇水和少浇水的区域来，然后告诉他们多久浇一次。如果找不到人帮忙浇水，最后一次浇水后，最好是把多肉放到日照时间比较短的地方，减少水分蒸发。虽然会徒长，但好过死掉吧。

阿尔养肉小贴士

　　对多肉进行砍头操作时，叶片密集的可以先摘除一些叶子，然后再剪。另外要注意，伤口最好是平整的，如果砍头部位有压伤或压裂的情况，最好重新修剪。

全力对付病虫害

病虫害是阻挡多肉变美的一大障碍，而且有时候还会危及多肉的生命。所以，肉友们要打起十二分的精神来，全力对付它们。下面就讲讲如何处理有病害的多肉。

多肉叶心有脏东西，黏黏的，怎么回事

多肉叶心看起来有点脏，用手摸还是黏黏的，这说明发生了虫害，可能是蚜虫也可能是介壳虫。可以在叶片底部检查一下。如果发现介壳虫或者蚜虫，就需要喷施护花神溶液，每周1次，连续3次。

多肉叶片被啃了，不知道是什么情况

如果多肉叶片大面积被啃，很可能是菜青虫、蜗牛、玄灰蝶幼虫等做的"好事"。这类虫子体型较大，比介壳虫和蚜虫容易发现，直接手动清除掉就可以。平时应特别提防雨后的蜗牛和多肉开花期飞舞的蝴蝶。玄灰蝶成虫虽然对多肉没有危害，但是它们产卵的速度是非常可怕的，一旦虫卵孵化，你的多肉就会在短时间内被啃食的面目全非。所以平时对多肉的巡视还是非常重要的。

白色小虫子，没完没了怎么办

多肉上常见到的白色小虫子就是介壳虫，介壳虫繁殖孵化速度快，而且虫卵很难杀死，所以，很多人就会有介壳虫怎么杀都杀不完的感觉。及时清理、杀灭介壳虫，对多肉的危害不是很大，就是比较恶心。

发现介壳虫后，建议使用护花神兑水稀释后喷洒植株表面，7天1次，连续3次，基本就能将介壳虫杀灭。介壳虫的防治是非常重要的，每年3月初、5月底、11月初是防治介壳虫的最佳时机。如果能在这三个阶段喷药防治，基本能全年避免介壳虫的大爆发。

阿尔养肉小贴士

护花神虽然药效不大，但连续喷洒也能起到作用，关键是对植物的损伤小。施用时最好是喷洒于多肉植株表面，浸盆和灌根的方式杀虫效果不太好。

多肉生了许多蚜虫，怎么办

蚜虫是繁殖最快的昆虫，有绿色和黑色两种。它们吸食茎叶汁液，会妨碍植物生长，导致植株畸形。

多肉爆发蚜虫的部位通常在花箭上，所以，如果不打算授粉结种子，建议及早摘除花箭。发现蚜虫后可以用护花神喷洒表面，一次即可杀灭。

多肉叶片干枯脱落，还长了黄褐色的斑点，这是什么病害

这种情况可能是红蜘蛛危害，也可能是锈病危害。需要检查植株是否有红蜘蛛，如果有需要，可喷洒护花神一类的杀虫剂。如果没有发现红蜘蛛，则可能是锈病，情况不严重的可以摘除病害叶片，放在阴凉通风处养护；如果病害严重，需要喷洒多菌灵溶液，并且在避光通风处养护。

多肉底部叶片腐烂了，怎么办

如果生长一直正常，只有底部少许叶片腐烂，可能是土壤太保水造成的。底部叶片长期接触潮湿的土壤会引发腐烂，所以，配土不能太保水，另外也可以在土壤上面铺一层颗粒稍微大一点的铺面石，比如火山岩、麦饭石等，可以有效防止此类情况发生。

花盆里有很多像蚊子一样的飞虫，要清理吗

小黑飞是一种又小又黑的蚊子，学名叫作尖眼蕈（xùn）蚊。小黑飞易生育于潮湿的环境，幼虫以土壤中的真菌藻类为食，土壤中的腐殖质，如未腐熟的鸡蛋壳、茶叶、淘米水等，都是幼虫喜爱的食物。

小黑飞成虫对多肉没什么危害，但是它的幼虫会啃食多肉的根系、嫩叶，尤以播种的小苗最受它们的喜爱，常常吃得精光。对付小黑飞方法比较简便，保持土壤干燥，幼虫在 3 天左右就会死亡。护花神、拜耳小绿药、呋喃丹等杀虫剂都能有效杀灭小黑飞幼虫。对付小黑飞的成虫，可以用粘虫胶纸放置在多肉周围进行捕杀。另外，用颗粒土铺面也能减少小黑飞的产生。

多肉叶片长了白色霉斑，怎么救啊

叶片长白色霉斑多是因为浇水多、日照不足和养护环境不通风造成的。此时应掰掉病害的叶子，然后用粉锈灵喷洒植株表面，一周 2 次，连喷 4 次可控制病情。之后的养护应注意通风，加强日照。

多肉叶片长了黑色斑点，用什么药

黑色斑点如果只是叶子正面有，则可能是晒斑，无需用药。如果叶子正反面都有黑斑，或者茎秆上也有，则可能是煤烟病。煤烟病是植物常见病之一，主要发生在叶片表层，呈褐色、黑色小霉斑，严重的可导致整株死亡。煤烟病不好治，推荐使用扑海因杀菌剂，每周 1 次，连续 4 次。此病除了潮湿的环境导致外，更多的是由虫害导致的。所以对于防治应双管齐下，杀虫剂和杀菌剂一起使用，按照说明书的稀释比例施用即可。平时养护应注意通风、控水，防治虫害。

多肉冻伤，叶片化水了，还有救吗

如果只是很少一部分叶片化水，可以移至气温稍微温暖的地方养护，不能立刻搬入暖气房，更不能立刻浇水，不然死得更快、更彻底。如果老桩冻伤，即使叶子都化水了，茎秆在春季也可能会萌芽。一些品种超级不耐寒，像劳尔、婴儿手指、格林、虹之玉等还是早一些移到室内养护为好。姬星美人、薄雪万年草等稍微耐寒，但是也不能掉以轻心。

多肉叶片突然化水了，是黑腐吗

这种情况，有一种可能是浇水多了或者淋雨过多把根系闷到了造成的。这时候要及时把化水叶片摘掉，并把植株挖出来晾根。如果能连土壤一起取出的话，就把植株和土壤一起放在通风的地方，等土壤变干后再放回花盆中。

还有一种不太乐观的估计，就是不明原因造成的黑腐，叶片化水速度极快，没有抢救的机会。

阿尔养肉小贴士

黑腐发生前，或多或少总会有些迹象，如多肉叶片颜色突然变粉或变黄，而且变颜色的叶片只是一小部分并集中在一起，不均匀，这就说明是这个部位出现了问题。

被鸟啄伤的叶片，需要掰掉吗

露养的多肉经常会被鸟啄伤，尤其在深秋，野外食物比较匮乏的时候，叶片多汁的多肉就成了小鸟美味的食物。如果叶片啄伤的伤口比较小，基本不影响，日后慢慢会痊愈，不过会留下瘢痕，如果觉得碍眼，可以摘下来叶插。如果啄伤面积比较大，还是摘掉比较好。

此外，多肉被鸟啄伤的伤口如果面积较大，比较"惨"的话，还可以用多菌灵撒在伤口处，杀杀菌，避免伤口处感染腐烂，然后将多肉植株放在阴凉通风处，等待伤口干燥结疤，这种方法可以加速伤口的愈合。尽量少浇水，如果非要浇水的话，要注意不要淋湿植株，可以采取浸盆法。若伤口处出现腐烂，要及时将腐烂处切除。

露养如何防鸟

肥厚多汁的多肉最招小鸟的喜爱，经常被啄得体无完肤，露养的小伙伴早就吃够了小鸟的亏了，所以也有各式的防鸟妙招。比较常规的办法是，给多肉们制作一个巨型的防鸟笼子，用铁丝网将多肉们罩起来，让小鸟接触不到多肉，这是最安全的办法。还有的人专门去买驱鸟器，产品也比较多，有风力反光驱鸟器、超声波驱鸟器、太阳能驱鸟器，这些效果都不错。还有很多人各出奇招，比如挂红色的塑料袋、光盘，在花盆中插满烤串用的签子等。

深秋时节，露养的多肉要做好防鸟措施。

Part5
养出高颜值多肉

新人肉友们是否对姿态各异的多肉都很喜欢，可又记不住名字呢？自己的多肉生长状况不良时，不知道怎么处理？别急，下面就带大家一起来认识下常见且经典的多肉品种，还有它们各自的养护要点，相信你很快就能养出令别人羡慕的高颜值多肉的。

图示说明：

推荐拼盆品种 习性相近、可以种在一个盆里养护的多肉品种。

↔ 表示单头成株多肉的直径范围。

🌡 表示多肉耐受的最低温度和最高温度。

☀ 表示喜光的程度，"全日照"指特别喜光，"明亮光照"指稍耐阴。

💧 表示多肉生长季浇水次数，仅供参考，应依据多肉生长状况调整浇水频率。

🌿 表示多肉常用的繁殖方式。

🌸 表示开花的季节。

超级容易养活

这个章节为大家介绍一些非常容易养的多肉品种,习性都很强健,病虫害也比较少。建议新人刚开始养可以选择这些品种,并且一次不要买太多。

基本信息

推荐拼盆品种

绮罗

↔ 5~13 厘米

🌡 5~35℃

☀ 全日照

💧 每月 4 次

🌿 叶插、砍头、分株

🌸 春季

64

肉友常见养护难题

@ 阿尔: 初恋叶片上长小青虫了,怎么办?

阿尔回复:这种虫子啃噬多肉叶片甚至茎秆,给多肉造成严重伤害,不过并不致命。这种虫子和虫卵都比较容易发现,手动清除,并检查附近多肉植株是否有被咬过的痕迹。不放心的话可以使用护花神,连喷3次,1周1次。

初恋适合做造型。初恋生长迅速,而且多年生有枝干,适合做老桩造型。

景天科拟石莲花属
初恋

初恋习性强健,对土壤要求不高,是非常适合新人练手的品种。喜欢温暖、干燥和阳光充足的环境。抗旱性比较强,较能耐高温,但夏季也需要适当遮阴。日照不足或浇水过多叶片会变灰绿色、宽而薄,品相难看。叶插出芽成活率接近百分之百,而且特别容易出多头,小苗也非常容易养大。

养肥上色秘诀:秋冬季节,室内养的话,需要在秋季逐渐开始进行控水。建议使用较小的花盆,并逐渐减少浇水次数,常年接受充足日照,这样颜色会更粉嫩。

初恋开花后的处理

初恋开花并不会死,如果你不打算授粉结种子,那么就可以将花箭剪掉。剪掉的花箭还可以插入水瓶中继续观赏。

基本信息

推荐拼盆品种

黛比

↔ 5~10 厘米

🌡 5~35℃

☀ 全日照

💧 每月 4 次

🍃 叶插、砍头、分株

🌸 春季

肉友常见养护难题

@ 阿尔: 白牡丹茎部这样了, 怎么办?

阿尔回复: 看样子是底部茎秆和根系出了问题, 可能是高温暴晒所致。用锋利的美工刀或剪刀将底部茎秆剪除, 放在阴凉通风处晾干伤口, 等伤口有点皱后就可以重新栽种了。

白牡丹夏季容易黑腐。应让它远离高温湿热的环境。

景天科风车草属 × 拟石莲花属

白牡丹

　　白牡丹堪称"普货"中的"战斗机", 养护容易, 繁殖力强, 随便掰几片叶子都能叶插成功。春、秋、冬三季适度浇水, 夏季控制浇水, 盆土保持干燥。35℃以上需要遮阴, 不然会有晒斑, 5℃以下应在室内养护。多年生老桩的白牡丹在养护时需要注意减少浇水量, 不然茎秆容易黑腐。

　　养肥上色秘诀: 白牡丹喜欢颗粒较多的沙质土壤, 光照越充足、温差越大, 株形和颜色才会越漂亮。在满足这些条件后, 应注意适当控水, 叶片才会越来越肥厚。冬季的低温可促使颜色更粉嫩, 所以即使冬季室内养护, 夜间气温维持在 5℃左右即可。

白牡丹叶插刚出芽的样子
白牡丹叶插出芽率高, 几乎百分百出芽。

桃之卵状态特别好的时候,叶片会非常短,近乎球形,也就是所谓的"丸叶桃蛋"。

桃之卵与桃美人的区别

桃之卵的叶片顶端没有钝尖,而且叶片呈现出蜡质感,比较亮,桃美人叶片顶端平滑,有轻微钝尖。

基本信息

推荐拼盆品种

桃美人

↔ 5~10 厘米

🌡 5~35℃

☀ 全日照

💧 每月 4 次

🌱 叶插、砍头、分株

🌸 春季

肉友常见养护难题

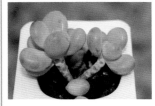

@阿尔: 桃之卵淋雨后叶子一碰就掉,怎么办?

阿尔回复:夏季多雷雨天气,雨后晴天的高温容易造成植株掉叶子,尤其是像桃之卵这种叶片肥厚的品种。应加强通风,尽快使土壤里的水分干燥。

桃之卵的花序不规则。花星形,花瓣先端红色,中间黄色。

景天科风车草属
桃之卵

桃之卵被大家亲切地称为"桃蛋",喜欢温暖、干燥和阳光充足的环境,耐旱,不耐寒,低于5℃需要移至室内向阳处养护。生长速度比较快,老桩可塑造成瀑布似的造型。春秋生长季可不用控水,大水浇灌,只是要保证土壤透水、透气。夏季高温需要注意浇水量,但不建议断水。冬季保持8℃以上可以安全过冬。春秋可以掰下健康的叶片叶插,非常容易出根出芽,小苗养护要经常喷雾,保持土壤湿润。

养肥上色秘诀: 桃之卵上色的主要因素是日照,只要日照充足,一年四季都比较粉嫩。大部分人养的桃之卵都比较瘦弱,这很可能是浇水太勤,或者根系不够健康造成的。桃之卵上盆后的前3个月主要以养根为主,看到有生长迹象就可以每周浇水一次。等长势良好后再开始控水,才能将桃之卵养成胖乎乎的"桃蛋"。

桃美人与白美人的区别
桃美人叶片圆润且叶片顶端有钝尖；而白美人叶片较扁平，是青白色，粉稍厚，秋冬季不会呈现粉红色。

桃美人叶尖的小凸起，状态越好的时候越明显。

基本信息

推荐拼盆品种

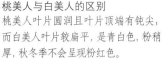

白美人

↔ 5~8 厘米

🌡 5~35℃

☀ 全日照

💧 每月 4 次

🌱 叶插、砍头、分株

🌸 冬季和春季

肉友常见养护难题

@ 阿尔：桃美人叶片有伤口，要紧吗？

阿尔回复：这种伤口是外伤，不是虫害，不要紧，而且伤口看起来有些日子了，正在愈合，不用特别处理，注意浇水不要浇到叶片上就好。

叶片顶端有凸起。通常桃美人叶片顶端有一个圆圆的小凸起，这是区别它和桃之卵的重要特征。

景天科/厚叶草属

桃美人

桃美人是厚叶草属的栽培品种，深受大家喜爱。它喜欢温暖、干燥、光照充足的环境，无明显休眠期，生长比较缓慢。秋冬季节充足光照和较大温差下，叶片会从蓝绿色转为粉红色或淡紫色，叶片白霜也会相对明显一些。缺少光照，叶片会是淡蓝绿色，茎秆也会徒长。在浇水方面，桃美人的叶片肥厚多汁，浇水次数应比其他品种少一些。尤其夏季要少量浇水，防止徒长和烂根，湿热天气要加强通风。特别需要提醒新人注意，桃美人的叶片顶端平滑，有轻微的钝尖，这是它明显区别于桃之卵的特征。

养肥上色秘诀：桃美人想要养出好的状态需要勤快的你变"懒惰"一点。桃美人的叶片肥厚，可以储存更多的水分，当你看到盆土干燥时也不用急着给它浇水，可以等它的底部叶片稍微发皱后再浇水。这样做能很好地控制株形，而且叶片也会更加饱满圆润哦！

白美人

景天科厚叶草属

养护难度

- ↔ 5~8 厘米
- 🌡 5~35℃
- ☀ 全日照
- 💧 每月 4 次
- 🌿 叶插、砍头、分株

　　白美人，别名"星美人""厚叶草"，喜欢温暖、干燥，阳光充足的环境，稍耐半阴。夏季需要遮阴，冬季低于 10℃ 需要采取保温措施。外形和桃美人很像，但叶片一般是青绿色，比较扁。

黄丽

景天科景天属

养护难度

- ↔ 5~8 厘米
- 🌡 5~35℃
- ☀ 全日照　　💧 每月 4 次
- 🌿 叶插、砍头、分株

　　黄丽习性强健，对土壤要求不高，河沙加园土的配土也能很好地生长。耐干旱，忌大水大湿，生长期盆土保持稍湿润，夏季高温时应保持略干燥。黄丽非常容易徒长，尤其在夏季，此时应注意控水和加强通风。

达摩兔耳

景天科伽蓝菜属

养护难度

- ↔ 4~6 厘米　🌡 5~35℃
- ☀ 全日照　　💧 每月 4 次
- 🌿 叶插、砍头、分株

　　达摩兔耳和月兔耳非常相似，区别是叶缘的黑色部分，达摩兔耳的叶缘黑色是连贯的，呈线形，月兔耳的叶缘黑色较少，呈点状。达摩兔耳夏季要遮阴，但过于遮阴会使茎叶徒长、柔弱，茸毛缺乏光泽，应选择合适的遮阳网。

胧月

景天科风车草属

养护难度

- ↔ 5~10 厘米
- 🌡 5~35℃
- ☀ 全日照
- 💧 每月 4 次
- 🌿 叶插、砍头、分株

　　胧月的习性非常强健，繁殖能力也很强，保证土壤透水通气、浇水见干见湿就能养活。

月兔耳

景天科伽蓝菜属

养护难度

- ↔ 5~12 厘米
- 🌡 5~35℃
- ☀ 全日照
- 💧 每月 4 次
- 🌿 叶插、砍头、分株

　　晚秋到早春是生长季，不耐高温，夏季要特别注意遮阴。喜欢温暖干燥的环境，不耐水湿。冬季气温最好保持在 10℃ 以上，温度过低生长会停滞。

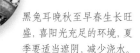

黑兔耳

景天科伽蓝菜属

 养护难度
● ● ○

↔ 5~7 厘米　🌡 5~35℃

☀ 全日照　💧 每月 4 次　🌿 叶插、砍头、分株

　　月兔耳的栽培品种，叶长圆形，比月兔耳的小，肥厚，灰黑色，叶片表面有一层白色茸毛，叶缘锯齿状，有黑色斑，比月兔耳的颜色重且面积大。习性与月兔耳相近，繁殖能力特别强，叶插出芽率很高，生长期可适当多浇水，冬季低温需保持干燥。

黑兔耳晚秋至早春生长旺盛，喜阳光充足的环境，夏季要适当遮阴，减少浇水。

锦晃星

景天科拟石莲花属

 养护难度
● ● ○ ○ ○

↔ 5~8 厘米　🌡 5~35℃

☀ 全日照　💧 每月 5 次

🌿 砍头、分株

　　别名"茸毛掌"，叶片表面有一层茸毛，喜温暖、干燥和阳光充足的环境。不耐寒，耐干旱和半阴，忌积水。夏季的高温会让它处于休眠状态，底部叶片枯萎速度比较快，这是正常现象。待秋季气温下降后就会恢复生长，叶片边缘也会呈现晕染似的红色，非常漂亮。

锦晃星叶片的茸毛细且密实，摸起来非常舒服，但是不宜经常触摸。

紫罗兰女王与冰莓的区别
紫罗兰女王叶片细长，先端尖，冰莓叶片较短，叶片先端圆润，没有明显叶尖。

基本信息

推荐拼盆品种

克拉拉

↔ 5~10 厘米

🌡 5~35℃

☀ 全日照

💧 每月 3 次

🌱 砍头、分株

🌸 春季

肉友常见养护难题

@阿尔：我的紫罗兰长着长着没了生长点，是缀化了吗？

阿尔回复：某些特殊情况下，多肉会变异为缀化形态，缀化形态的生长点一般为蜿蜒的曲线。这个现在还看不出是否缀化，生长点消失后也可能会变成多头，还需要再观察。

@阿尔：紫罗兰能叶插吗？

阿尔回复：紫罗兰属于拟石莲花属，这个科属都能够利用叶子繁殖，但是紫罗兰叶片比较薄，而且叶片在摘下的过程中生长点很难完整的保留，这就造成紫罗兰的叶插成功率非常低。

景天科拟石莲花属
紫罗兰女王

一般简称为"紫罗兰"，习性比较强健，粗放式的管理就能活得很好，浇水见干见湿，土壤中的颗粒配比能保证疏松、透气即可。梅雨季节注意遮雨，防止发生腐烂。紫罗兰女王一般是浅灰绿或浅灰蓝色，光照充足，温差大的寒凉季节会转变为粉紫色。

养肥上色秘诀：紫罗兰的叶片细长，不算肥厚，控水养肥效果不明显。紫罗兰也比较不容易上色，但是经过半年多合理养护后，通常在深冬和初春就能维持这种颜色。因为这段时间室内空气湿度比较大，而且温度也比较低。另外，配土中颗粒土比例占 1/3 以上较容易出状态。生长 2 年以上植株通过长期的控水养护，较容易上色，同时应注意适当减少浇水量。

基本信息

推荐拼盆品种

冰莓

↔ 5~10 厘米

🌡 5~35℃

☀ 全日照

🌢 每月 4 次

🍃 分株、砍头、叶插

🌸 春夏季节

肉友常见养护难题

@ 阿尔：秋宴能长多大，用多大的盆合适？

阿尔回复：一般秋宴能长到 10 厘米左右，如果喜欢大一些，可以用 15 厘米直径的盆，或许会长更大。如果喜欢控形，不让它长太大，还是选择 10 厘米以下口径的花盆吧。

@ 阿尔：秋宴的叶片变长散开怎么回事？

阿尔回复：秋宴叶片变长散开主要是因为浇水过多、日照不足两方面因素导致的，我们称之为"徒长"。此时应该控水，减少浇水量，同时还要保证足够的光照。

景天科拟石莲花属
秋宴

别名"蓝安娜""火焰杯"，叶片形态和紫罗兰女王非常相似，只是秋冬季节出状态颜色偏粉红，紫罗兰女王是粉紫色的。习性强健，喜欢沙质土壤，不喜大水，浇水见干见湿。秋宴生长速度一般，对日照需求较多，光照不足容易"穿裙子"。夏季高温时要注意遮阴，否则会晒伤叶片，叶片晒伤后无法恢复，只能等待老叶慢慢代谢掉。

养肥上色秘诀：秋宴上色主要依靠长期的大温差和低温环境。秋冬季节，注意盆土干燥后稍微控水，保证日照充足，就能逐渐出现颜色了。冬季室内养护应注意不要放在暖气旁，夜晚气温不要过高，维持在 10℃ 左右最好。秋宴是很好出状态的品种，因此，只要适当的光照，长期控水，就能养出红彤彤的秋宴来。同时，秋宴较容易爆头形成群生，可考虑剪取侧芽扦插繁殖。

有无状态都耐看
白月影无论是否出状态，都很耐看，给人清新怡人的感觉。

基本信息

推荐拼盆品种

蓝色惊喜

↔ 5~10 厘米

🌡 5~35℃

☀ 全日照

🌢 每月 4 次

🍃 叶插、砍头、分株

🌸 春季

肉友常见养护难题

@ **阿尔**: 白月影叶片上的斑点是怎么回事?

阿尔回复: 这应该是日光强烈所导致的晒伤，不过已经结痂了，不影响植株生长，不过这是在提醒你应该注意遮阴了。

　　如果是已经遮阴还出现这样的状况，可能是遮阴不够重，或者遮阴后环境不通风造成的。可从这两个方面分别试验一下，再看结果。以白月影的生长速度，适当养护，夏季大概一个半月左右能消耗掉底部带晒伤的叶片。

景天科拟石莲花属

白月影

　　厚叶月影的园艺品种，全称"阿尔巴白月影"。叶片非常肥厚，日常为绿色，光照充足、温差较大的情况下会慢慢转变为粉白色，晶莹剔透。喜欢温暖、干燥、通风的环境，超级耐旱，不耐高温，夏季需要遮阴，冬季 5℃左右的气温需要采取保暖措施。浇水宜少不宜多，春秋可适当多一些，保证盆土不积水即可。叶插比较容易成活，底部发黄或略透明的叶子不能用来叶插，健康叶片叶插成活率比较高。砍头、分株繁殖也相当容易。

　　养肥上色秘诀: 月影系多肉都是在冬季低温的情况下才能有漂亮的状态。虽说"冻一下才能出状态"，但这里的"冻"可不是真的冻。盆土特别干燥的话，可以承受 0℃低温，再低，就会冻伤，而且这里说的还是室内比较稳定的环境。室外如果有风，5℃左右不能保证完全不被冻伤。

蒂比的叶片是长匙形，前端斜尖，叶尖有点长，易泛红。

基本信息

推荐拼盆品种

静夜

↔ 5~10 厘米

🌡 5~35℃

☀ 全日照

💧 每月 4 次

🍃 叶插、分株

🏵 春夏季节

肉友常见养护难题

@ 阿尔：蒂比种上一周了，能拿出去晒太阳了吗？

阿尔回复：看植株状态挺好的，可以晒太阳了。不过应注意逐渐增加日照，切不可一拿出去就晒半天，容易晒伤。可以先放在室外阴凉处，然后过一天增加一小时的日照，逐渐接受全日照。

蒂比开花。大部分蒂比会在春末开始长花箭，花箭抽出时间可能持续一个月。

景天科拟石莲花属
蒂比

名字经常简写为 TP，因为它的拉丁文名字是 Tippy。蒂比的习性强健，耐干旱，稍耐半阴，不耐寒。春秋季节是主要生长季，这时候应注意养护根系，盆土不能过于干燥。夏季注意遮阴，并控水。冬季低于5℃需要放置在室内向阳处，每天至少接受 4 小时日照。繁殖方式可选择叶插和分株。

养肥上色秘诀：蒂比比较容易养出红色的尖尖，如果想要颜色更好，就需要长时间的日照和控水。控水非常重要，不仅能使上色更快，还能使株形长成圆圆的"包子"。秋冬季节是养出状态的好时候，拉大浇水间隔，叶片会更好地储存水分而变得更加肥厚。夏季高温、日照强烈的时候会休眠，这时要注意减少浇水量，最好保持通风的生长环境，并进行遮阴。

基本信息

推荐拼盆品种

月美人

↔ 5~10 厘米

🌡 5~35℃

☀ 全日照

💧 每月 4 次

🍃 叶插、砍头、分株

🌸 春季

肉友常见养护难题

@ 阿尔：格林水诱生根长这么长，可以上盆了吗？

阿尔回复：这根系很长了啊，当然可以上盆了。注意填土动作要小，减少对根系的伤害。

上盆后两周的格林。叶片向外伸展，叶心生长明显，此时就可以移到有阳光照射的地方，逐渐接受日照了。

景天科风车草属 × 拟石莲花属

格林

　　叶片呈莲花座形排列，蓝绿色或淡绿色，稍有白霜。格林的习性较为强健，对土壤、水和肥都要求不高。一般选择透气良好的疏松土壤即可，颗粒比例也没有严格要求，浇水见干见湿，春秋季节可以施用薄肥。夏季高温需要遮阴，注意通风。叶片出现化水情况，要加强通风，及时让土壤变干燥。一般采用叶插繁殖，也可以砍头或分株繁殖。

　　养肥上色秘诀：格林叶片较厚，非常耐旱，所以不需要经常浇水。适当地控水，让植株处于缺水状态一段时间，再充分给水，可刺激植株更多地吸收水分，叶片也会更加饱满。通常情况下，多肉养得时间越久，越容易出状态，多年生长的老桩即使在夏季状态也比较好。就算没有颜色，起码株形还可以保持。

基本信息

推荐拼盆品种

锦晃星

↔ 5~12 厘米

🌡 5~35℃

☀ 全日照

💧 每月 4 次

🌱 叶插、砍头、分株

🍂 夏季

肉友常见养护难题

@ 阿尔：叶片长了锈似的斑点，是什么病？

阿尔回复：植株出现大块锈褐色病斑，可能是锈病，建议用 12.5% 烯唑醇可湿性粉剂 2 000~3 000 倍液喷洒。但是，图上这种情况，看起来更像是光照太强造成的晒伤，应注意避光、通风。大家可以根据自己的养护条件进行区别。

景天科拟石莲花属
白闪冠

白闪冠叶表有一层白色茸毛，叶色常年绿色，顶端会变褐色。喜欢阳光充足的环境，春秋季节盆土干透再浇水，夏季可以等叶片向内包裹时再浇水，并注意遮阴、通风。冬季低于 5℃ 需要搬入室内养护。白闪冠最好铺面，不然泥水溅到叶片上会非常难看，而且比较难清理。

养肥上色秘诀：白闪冠几乎常年绿色，它的品相很大程度上取决于茸毛的密集度和光泽度。首先应做好它的清洁工作，叶片干净颜值就能提升很多。另外，通常长茸毛的植物比较怕热，比如熊童子、兔耳等，夏季要特别注意遮阴降温，注意通风，否则容易掉叶子。

白闪冠花箭
白闪冠一般在夏季开花，花箭较长，花星形，橘红色。

个体差异大
即使在同样养护环境下的吉娃莲也存在个体差异，这就是多肉的魅力。

基本信息

推荐拼盆品种

白牡丹

↔ 5~20 厘米

🌡 5~35℃

☀ 全日照

💧 每月 4 次

🌱 叶插

🌸 春季

76

肉友常见养护难题

@ 阿尔：浇水后有两片叶子化水了，要紧吗？

阿尔回复：首先摘除化水叶片，然后用手触碰一下化水叶子周围的叶子，看会不会松动或掉落。如果没有松动，可以这样继续观察。如果叶片碰掉了，或者有松动，最好将附近的叶子摘掉，观察茎秆是否发黑了，黑的话要赶紧掰叶子、砍头。不过如果真的是黑腐的话，恐怕这棵吉娃莲的所有叶片都不可能叶插成功的。有可能病菌已经侵染了所有的叶片。

景天科拟石莲花属

吉娃莲

　　吉娃莲习性较为强健，只是度夏稍有难度。日照充足可使叶片排列紧密，叶尖变红。如果日照时间太短会造成叶片下垂，形成"裙子"造型，影响美观。夏季注意加强通风，浇水要少，并且不能浇到植株上面，以免叶心长时间积水，造成腐烂。主要繁殖方式是叶插，成活率比较高。吉娃莲的叶片不容易掰，新手可在换盆时掰叶片，掌握好力度和用劲方法后就容易多了。

　　养肥上色秘诀：以颗粒土为主的土壤配比，会使土壤干湿交替的速度变快，有利于保持紧凑的株形。春季和秋季可以分别施一次长效肥，冬季加大控水力度，土壤彻底干透后再浇透，叶片会紧凑到包起来，叶片也会更饱满，颜色也能维持更久。经过长期合理的养护，即使在夏季，吉娃莲也能有很好的状态。

玉般质感
粉红宝石出状态时叶片底色
是黄绿色，有玉一般的质感。

肉友常见养护难题

@阿尔：不小心把颗粒土掉粉红宝石叶片里了，怎么办？

阿尔回复：可以用镊子小心夹住小颗粒，注意从两边用力，不要再往中心方向用力，避免将小颗粒推入里面，更不容易清理。关键是要有耐心，手不要抖，看准了再下手。

在养护过程中，我们总会有一不小心"手滑"的时候，除了尽量少搬弄花盆或拿起来看之外，换盆的时候最好清理出一块专门换盆的场地，不要误伤其他多肉。另外家有宝宝、宠物的，也要小心这些不可控制的因素。

景天科拟石莲花属
粉红宝石

粉红宝石是吉娃莲的优选品种，所谓优选品种，就是在吉娃莲中挑选品相优秀的继续培育，使之状态更完美。粉红宝石的外形和吉娃莲一样，但是叶片的底色和出状态的颜色差别还是非常大的，粉红宝石出状态叶片底色是黄绿色，先端为粉红色，养时间久了，底色通透感越来越强，玉石质感也会出来。

养肥上色秘诀：春秋两季大水浇灌，生长迅速，避免盆土积水即可。夏季高温需要遮阴，梅雨季节应断水，注意通风，否则叶片容易化水、黑腐。冬季适当控水，如果叶片没有褶皱可以先不用浇水。等叶片包裹比较紧，底部叶片发皱后再浇水，可以逐渐将其养肥。

铺面可减少病害
建议给粉红宝石铺颗粒土，这样能隔绝底部叶片与潮湿土壤的接触，减少叶片霉烂的发生。

玫瑰莲叶背红线明显
出状态的玫瑰莲在叶背先端正中间会有明显的红线，如果叶片向内聚拢形态会更萌。

基本信息

推荐拼盆品种

露娜莲

↔ 5~8 厘米

🌡 5~35℃

☀ 全日照

💧 每月 4 次

🌱 叶插、砍头、分株

🌸 夏季

肉友常见养护难题

@ 阿尔：接连两年夏季养死了玫瑰莲，夏季该怎么养护啊？

阿尔回复：玫瑰莲是静夜的后代，度夏有些难度，不过只要掌握好浇水频率和浇水量还是可以安全度夏的。应找到你自己之前养护的问题，是浇水太频繁，还是浇水太多，环境是否够通风，温度是否过高。找不出具体的问题，你也可以同时调整这些因素，比如减少浇水量，降低浇水频率，开电风扇降温、通风……

景天科拟石莲花属

玫瑰莲

辨别比较容易，叶片顶部和叶背有少许茸毛，叶片多数时候为绿色，秋冬寒凉季节叶片先端会转变为橙黄色。喜欢温暖、干燥和阳光充足的环境，耐干旱，不耐寒，稍耐半阴。夏季有短暂休眠，应减少浇水，放置在通风良好的地方，适当遮阴养护。玫瑰莲的适应性较强，对土壤要求也不高，能透水、透气就可以，不容易生病。繁殖能力较强，可以叶插、砍头、分株。

养肥上色秘诀：冬季室内养护时，温度不宜过高，10℃左右即可，能够缓慢生长，也容易养出状态。温度过高，浇水过勤，会令植株生长速度加快，不容易保持株形和漂亮的颜色。冬季控水可令叶片更饱满、肥厚，如果昼夜温差特别大，叶片颜色会变得非常艳丽，短短两三天时间就能看出差别。

有特色的叶片暗纹
月亮仙子出状态后的颜色虽然不艳丽，但叶片上的暗纹非常有特色。

基本信息

推荐拼盆品种

粉月影

↔ 5~15 厘米

🌡 5~35℃

☀ 全日照

💧 每月 4 次

🍂 叶插

❀ 冬季和春季

肉友常见养护难题

@阿尔：网购回来的月亮仙子叶片表面有蓝色斑点，是怎么回事？

阿尔回复：这是商家喷洒药液后在叶片表面留下的水渍，不是病害。

几颗月亮仙子拼种在一个盆中。这样会限制它们的个头，不会长很大。同样，小盆栽种也会限制个头。

景天科拟石莲花属
月亮仙子

叶片有不规则的白色纹路，中间部分稍向内凹，叶先端急尖，较短。习性比较强健，耐旱，相对较为耐潮湿和高温，是非常好养的品种，适合新人拿来练手。春秋季节可以适当多给水，保证土壤不积水就可以，不喜欢大肥，可以施用缓释肥或稀释得比较淡的肥料。为避免病害和虫害，可在春季喷洒杀菌剂和杀虫剂。夏季高温需要遮阴，浇水量也要减少，并注意通风。叶插繁殖非常简单，易成活。冬季注意防冻伤，低于 5℃ 最好搬入室内，室内温度维持在 15℃ 左右可以持续生长。

养肥上色秘诀：月亮仙子的颜色变化不是特别大，不过叶片可以养出通透感和淡白色的暗纹。可以用纯颗粒土养殖，尽可能地增加日照时长，并严格控水。多晒少水，是养出好状态的秘诀。单头的月亮仙子注意定期转动花盆朝向，以免长成"歪脖子"。

黑法师

景天科莲花掌属

养护难度 ●●○○

↔ 10~15 厘米

🌡 5~35℃

☀ 全日照

💧 每月 4 次

🍃 砍头、分株

　　比较少见的黑色多肉品种。典型的冬型种多肉，夏季休眠，不宜暴晒，冬季生长。夏季休眠有可能叶片脱落速度会比较快，剩下没多少叶子，等到凉爽的秋季来临，它就会恢复生机。繁殖主要靠砍头和分株。

花月夜

景天科拟石莲花属

养护难度 ●●○○

↔ 4~10 厘米

🌡 5~35℃

☀ 全日照　💧 每月 4 次

🍃 叶插、分株

　　花月夜是非常大众的一个品种，习性强健，选择疏松、透气的土壤栽培，夏季遮阴，控制浇水量，能够保持叶片饱满、紧凑。雨天过后，叶心积水要及时用卫生纸或棉签吸干，以免造成灼伤。

八千代

景天科景天属

养护难度 ●○○○

↔ 4~8 厘米　🌡 5~35℃

☀ 全日照　💧 每月 4 次

🍃 叶插、砍头、分株

　　喜欢疏松透气的沙质土壤和温暖干燥的环境，除了夏季，其他季节都可以接受全日照。它与乙女心非常相似，很多人都分辨不出它的特点。八千代几乎全年绿色，冬季温差大时可能呈现出嫩黄色，不会变红色，而乙女心叶色偏蓝绿色，出状态可变红色。

织锦

景天科拟石莲花属

养护难度 ●○○○

↔ 5~10 厘米

🌡 5~35℃

☀ 全日照

💧 每月 4 次

🍃 叶插、分株、砍头

　　织锦喜欢温暖、干燥的养护环境，可接受全日照。织锦只要注意多晒太阳，使用透水、透气的介质栽培，配合适当的控水就可以养出好状态。生长速度快，长成老桩后要特别注意夏季通风，减少浇水量，否则老桩木质化的茎秆容易萎缩、腐烂。此外，织锦叶插成活率极高，而且容易出多头，养护过程中一定要避免强烈的日照，以免被晒化水。

想要养出好状态就要遵
循多晒少水的原则。

迈达斯国王

景天科厚叶草属 × 拟石莲花属

养护难度 ●●○○○

↔5~10 厘米　🌡5~35℃

☀全日照　💧每月 4 次　🌱叶插、砍头、分株

　　迈达斯国王喜欢温暖、干燥、日照充足且通风
良好的环境,耐干旱,也耐半阴。在养好根系的前提下,
冬季严格的控水可塑造出肥厚圆润的叶形和粉嫩通透的
质感。叶插成功率非常高,适合新人练手。可摘取底部健康
的叶片进行叶插繁殖,春秋季节进行砍头也非常容易成活。

霜之朝

景天科厚叶草属 × 拟石莲花属

养护难度 ●●●○○

↔4~7 厘米　🌡5~35℃

☀全日照　💧每月 3 次

🌱叶插、砍头、分株

　　喜欢温暖干燥、阳光充足的环境。除了
夏季,其他三个季节都可以全日照。春秋浇
水见干见湿,夏季和冬季应减少浇水量。夏
季养护不当容易掉叶子;高温、不通风,很
容易黑腐。

拉姆雷特

景天科拟石莲花属

养护难度 ●●●○○

↔5~8 厘米

🌡5~35℃

☀全日照

💧每月 4 次

🌱叶插、砍头、分株

　　别名"拿铁",喜欢
干燥、通风、阳光充足的环境,忌高温高湿,
夏季注意遮阴和通风。冬春季节开花时可
适量施用磷肥,促进花箭生长、开花。如果
不打算留着花箭,可以在花箭刚刚冒头时
就掐掉,以免白白损耗营养。

银星

景天科风车草属

养护难度 ●●○○○

↔5~10 厘米

🌡5~35℃

☀全日照

💧每月 4 次

🌱叶插、砍头、分株

　　喜温暖干燥和阳光
充足、通风良好的环境。不耐寒,耐干
旱和半阴,怕强光暴晒和高温高湿的环
境。叶表一般为绿色,气温适宜时叶尖
微粉色。

黑爪出状态的关键
黑爪出状态关键靠多晒，前提是根系非常健壮，好状态的黑爪叶片短而向内聚拢，叶片粉红，叶尖黑色。

黑爪叶尖细长、黑红色，是其一大亮点。

基本信息

推荐拼盆品种

白线

↔ 5~10 厘米

🌡 5~35℃

☀ 全日照

💧 每月 4 次

🌱 叶插、分株

🌸 春季

肉友常见养护难题

@ 阿尔：新买的黑爪底部有小芽，怎么种?

阿尔回复：底部有小芽的话，只把下面的根系埋进土里面，然后在快接近小芽的地方开始铺颗粒土，让颗粒土垫在小芽底下，这样小芽不会被土壤埋起来，还有空间可以生长。

不要频繁触碰叶片。黑爪叶片有白霜，尽量不要碰，白霜对植株有保护作用，而且碰掉白霜会影响植株美感。

景天科拟石莲花属
黑爪

　　黑爪喜欢凉爽、干燥的环境，夏季高温会短暂休眠，耐半阴，怕水涝。所以浇水要见干见湿，避免花盆底部积水，夏季休眠时应遮阴、通风。土壤可选择腐殖土和颗粒以 3:7 比例混合的土壤。完整饱满的黑爪叶片非常容易繁殖，也可以选择多年群生植株进行分株繁殖。

　　养肥上色秘诀：全日照的环境养护会使叶片排列紧密，株形矮壮，所以尽量让植株多晒太阳。秋季气温适宜黑爪生长，可以适当施肥，也可以多浇水几次。等到冬季有大温差时，就可以控制浇水，日照充足的话，叶片会转变为通透的粉红色，并向内聚拢，叶尖也会变成黑色，非常呆萌。冬季室内养护时应注意降低夜间气温，避免冷风直吹，空气湿度也要想办法提升上去。

基本信息

推荐拼盆品种

马库斯

↔ 5~10 厘米

🌡 5~35℃

☀ 全日照

💧 每月 4 次

🌿 叶插、砍头、分株

🌸 冬季

肉友常见养护难题

@ 阿尔：红爪底部叶片腐烂了，怎么办？

阿尔回复：摘除腐烂的叶片，加强通风，继续观察，如果没有再腐烂，就没问题。一般遇到这种情况可能是底部侧芽生长需要更多空间，而把叶片挤得化水了。如果继续腐烂，则要检查茎秆，或者脱土检查根系，看情况进行砍头、清理根系等。

景天科拟石莲花属

红爪

别名"野玫瑰之精"。夏季高温达到 35℃ 左右就要适当遮阴、通风，冬季放在室内光照强的地方继续养护即可。比较皮实的品种，生长速度也快，2 年养成老桩不成问题。叶插也非常容易，很多叶片刚出芽时都是在生长点围成一圈，根从中间长出来，这时候可以把叶片竖立起来，用东西固定住，可以给叶插苗更多的生长空间。

养肥上色秘诀：红爪一般状态就是叶尖出现红色，很难养出通体的粉红色，这需要长期充足的日照和严格的控水，并且在冬季有大温差和持续低温。虽然红爪比较耐旱，但是控水太久，容易造成底部叶片褶皱、变软，进而下垂，所以，还是要适当控水才能有好的品相。

绿爪并非总是绿色的
绿爪大多时候是绿色的，但它出状态后其实是粉色的。

基本信息

推荐拼盆品种

乌木

↔ 5~10 厘米

🌡 5~35℃

☀ 全日照

💧 每月 3 次

🍃 叶插、分株

❀ 冬季和春季

肉友常见养护难题

@ 阿尔：网购的绿爪这样了，能活吗？

阿尔回复：网购的多肉大部分都是脱土运输的，卖家在打包发货前就已经脱土晾根了两三天，再加上多肉植物在运输过程中也会失去部分水分，出现底部叶片发蔫、干枯等情况是很正常的，不影响成活。收到后可以将枯萎的叶片摘除，稍微清理一下根系，如果是春季或秋季，上盆一周后浇灌一次，叶片基本就能恢复饱满了。

景天科拟石莲花属
绿爪

绿爪叶片扁长，顶端有黑色的爪刺，较黑爪和红爪来说，爪刺质坚硬。叶色翠绿至深绿色，秋冬季节叶片可转变为粉绿色，或者整株变粉色，配上黑色的爪子十分美艳。习性较为强健，喜欢全日照、疏松的沙质土壤、干燥凉爽的环境。南方露养应注意加大颗粒土的比例，夏季需要遮阴遮雨，预防晒伤和黑腐。

养肥上色秘诀： 买回来的绿爪先要慢慢适应新环境，如果你注重生长速度，这段时间可适当提高浇水频率，如果植株生长态势良好，之后再考虑控水养肥。控水也应循序渐进，逐渐拉长浇水间隔，直到盆土干燥一周左右再浇水。浇水间隔还需要根据环境来摸索，干燥的北方浇水相对较多，南方因为空气湿度比较高，所以浇水次数相对较少。

基本信息

推荐拼盆品种

红爪

↔ 5~15 厘米

🌡 5~35℃

☀ 全日照

💧 每月 4 次

✂ 砍头、分株

❀ 冬季和春季

肉友常见养护难题

@ 阿尔：如何分辨绿爪和万圣夜？

阿尔回复：上图为绿爪。绿爪和万圣夜的叶形比较相似，而它们的主要不同在于叶片的质感，绿爪叶片有淡淡的白霜，而万圣夜则是有蜡质光泽感。

@ 阿尔：为什么我的万圣夜叶插没有成活？

阿尔回复：万圣夜本身叶插繁殖相对不容易。叶插不成功最大因素是叶片本身不健康，除此之外应尽可能保持 20~25℃ 的气温及 40%~60% 的空气湿度。

景天科拟石莲花属
万圣夜

万圣夜是乌木和黑爪杂交的，继承了乌木霸气刚毅的气质，叶片有蜡质质感，叶色变化比较丰富，可以是上图这样绿、黄、粉渐变的颜色，也能养出叶片边缘霸气的黑边，是值得一养的品种。习性较为强健，喜欢温暖干燥的环境，耐干旱，稍耐半阴，忌水湿、闷热。

养肥上色秘诀：万圣夜叶片质感非常好，颜色的变化因养护环境不同而略有差异。图上的这棵是全年室内养护的，夏季几乎是全绿色的，冬季温差大，湿度高时就被养成这种柔和的色彩，少了一些刚毅气质。很多人在光照充足的室外露养可以养出叶尖浓烈的黑红色，喜欢霸气的可以尝试露养。

夏季的万圣夜
万圣夜夏季生长，叶片多为绿色。

白线容易爆侧芽
白线的生长速度比较快，而且容易爆侧芽，半年左右就能自然群生。

基本信息

推荐拼盆品种

婴儿手指

↔ 5~10 厘米

🌡 5~35℃

☀ 全日照

💧 每月 4 次

🍃 叶插、分株

🍂 春夏季节

肉友常见养护难题

@ 阿尔：白线叶片很多黑色的斑点，怎么治疗？

阿尔回复：出现黑色斑点可能是高温多湿的环境造成的，建议暂时断水，露养的要遮雨，并加强通风，如果出现腐烂，要清理掉腐烂的叶子。

@ 阿尔：使用什么土可以将白线养出粉红色状态？

阿尔回复：土壤对于多肉上色起到的作用并不明显，关键还是日照、低温及空气湿度的因素。所以，想要养出漂亮的颜色，还要给予最长时间的日照，10℃左右的低温，并严格控水。

景天科拟石莲花属

白线

　　白线习性比较强健，能适应比较恶劣的环境，对土壤要求不高，疏松透气即可。浇水见干见湿，或者保持盆土干燥一段时间都没有问题。春秋可适当施用薄肥，夏季注意遮阴、通风。群生的白线要特别注意通风，否则容易滋生介壳虫，介壳虫会致使叶片畸形，影响美观，严重时会影响植株生长，甚至导致死亡。还有阴雨天气时，湿度比较高，也要加强通风，避免细菌滋生导致叶片腐烂。叶插非常容易，成功率接近百分之百，不过生长缓慢，也可以通过将群生植株进行分株来繁殖，成活率也相当高。

　　养肥上色秘诀：白线浇水太多或者日照不足，叶片会下垂，形成"穿裙子"的造型，不美观。注意放置在阳光充足的位置，并根据叶片饱满程度浇水。白线养出粉红色的状态，需要有大的昼夜温差，可根据自己的环境创造大温差，不建议采用放入冰箱的做法。

花之鹤叶子质感通透的关键关键还是适当的日照强度、长时间的日照、低温和较高的夜间湿度，太过强烈的日光只能让颜色变得更深，没有了通透感。

基本信息

推荐拼盆品种

玉蝶

↔ 5~15 厘米

🌡 5~35℃

☀ 全日照

🖤 每月 4 次

🍃 砍头、分株

🌸 春夏季节

肉友常见养护难题

@ 阿尔：花之鹤叶片宽大，没颜色怎么办？

阿尔回复：想要出颜色必须有低温和大温差的条件。另外充足的日照和健康的根系是前提，图上这棵看起来很健康，应该改善下养护环境的温度就能有比较好的颜色出来了。

景天科拟石莲花属
花之鹤

　　株形较大，叶子很薄，翠绿色，无白霜，有红边。春、夏、秋三季叶色比较翠绿，红边颜色比较暗淡。冬季日照时间足够长的话，加上严格的控水，可以转变为比较通透的黄绿色。花之鹤比较喜欢阳光充足的环境，不耐寒，忌暴晒。夏季需要注意遮阴和通风的问题。叶插不太容易成活，砍头和分株是比较好的繁殖方式。

　　养肥上色秘诀：花之鹤的叶片通透，这是很多人喜欢它的原因。这种感觉需要适当的日照强度，过强的紫外线则会令颜色浓厚、暗沉。所以，夏季需要注意遮阴。春秋生长季容易徒长，影响植株的美观，所以应控制浇水量，并加强通风，让土壤快速干燥。叶子比较薄，耐旱能力稍弱，底部叶片是否褶皱可作为浇水的依据。

基本信息

推荐拼盆品种

乒乓福娘

↔ 3~5 厘米

🌡 5~30℃

☀ 全日照

💧 每月 4 次

🌱 砍头、分株、播种

🌸 夏季和秋季

萌萌的小爪子
叶片顶端几个凸出的红点，好像小熊的熊掌涂上了红红的指甲油，萌萌的甚是令人喜爱。

肉友常见养护难题

@ 阿尔：露养的熊童子太脏了，怎么清理?

阿尔回复：露养环境容易让熊童子的叶片粘上柳絮、泥巴等，可以用软毛刷子轻轻刷干净。另外，最好给熊童子铺面，这样下雨就不会让叶片粘上泥巴了。

播种的熊童子小苗。播种出的熊童子小苗跟成株差别比较大，叶片茸毛较少，"爪子"不明显。

景天科银波锦属

熊童子

　　叶片表面有稀疏的短茸毛，常年绿色，叶缘有 5 或 7 个凸起小尖，寒凉季节会变红，就好像熊掌上涂了指甲油。熊童子喜欢干燥、凉爽的环境和疏松的土质，非常喜欢日照，对水分不敏感。新人浇水掌握不好频率的话，可以每周浇水一次，水量要少，保持稍微湿润就可以。熊童子明显怕热，夏季养护不当非常容易掉叶子甚至整株死亡。所以在气温达到 28℃时，就要考虑给它遮阴，并放置在通风的位置，减少浇水量。

　　养肥上色秘诀：充足的日照，可使株形更加紧凑。春秋季节薄肥勤施能够令叶片更饱满。冬季控水加长时间的日照可以令"指甲"变红。秋冬是养肥它的好季节，注意增加日照和严格控水，很快就能变得肉乎起来。

景天科银波锦属
熊童子黄锦

是熊童子的斑锦变异品种,简称"黄熊"。叶形和熊童子一样,只是叶片中间部分有宽窄不一的黄色纵纹。在阳光充足、温差较大的生长环境下,叶片顶端的"爪子"会变成鲜红色。夏季超过30℃会进入休眠状态,冬季低温也会休眠。

黄熊忌闷热,夏季高温要严格控水,浇水过多或过频会导致掉叶、烂叶。休眠期尽量减少浇水量,加强通风。平时尽量不要搬动,非常容易碰掉叶子,而且叶插成功率不高。如果不小心碰掉了叶子,只剩下茎秆,照常管理也能够重新萌发新叶。

景天科银波锦属
熊童子白锦

是熊童子的斑锦变异品种,简称"白熊"。它虽然是"白锦"但晒多了也会变成黄色,和黄熊的区别在于,它是叶片边缘或全部变色呈白色或黄色,而黄熊只有叶片中间部分变色为黄色。出状态的白熊"爪子"是粉红色的,更加可爱。

浇水可用喷雾器喷水,顺便清理叶片上的灰尘和杂质。栽种这几种"熊"时,最好铺面,否则浇水溅起的泥土会影响美观。白熊全锦的枝条最好不要用来扦插,含叶绿素非常少,不能提供充足的养分供发根。

打顶促发新芽
可对侧芽较少的乒乓福娘进行打顶,促生更多侧芽,叶片变密集的样子更美。

基本信息

推荐拼盆品种

熊童子

↔ 3~5 厘米

🌡 5~35℃

☀ 全日照

💧 每月 4 次

✂ 砍头、分株

⬟ 夏季

肉友常见养护难题

@ 阿尔: 我的乒乓福娘为什么养不肥?

阿尔回复:图中这棵不是乒乓福娘,而是新嫁娘,叶形本来也没有乒乓福娘那么圆。想要养肥还是要增加日照,严格控水。看这棵的状态,叶片硬挺,茎秆纤细,应该是光照还不充足,应多晒太阳并注意控浇水量。

景天科银波锦属

乒乓福娘

　　叶片成扁卵状至圆卵形,有厚厚的白霜覆盖,两两对生,无叶尖,叶缘有暗红或褐红色边线。茎秆粗壮,可直立生长。需要阳光充足和凉爽、通风的环境,稍耐半阴,怕水涝。夏季高温需要遮阴,并微量给水,浇水时间应选择在太阳下山后 2 小时。繁殖方式主要是砍头,剪取顶部枝干,并晾干伤口然后扦插在土壤中,25 天左右生根,而叶插出芽出根率非常低。

　　养肥上色秘诀: 乒乓福娘的特点就是圆润饱满,日照不足或浇水过频会导致叶片细长而且瘪,状态不是特别好。如果养护环境条件比较差时,就需要通过较长时间的控水来让叶片变"短肥圆"了。

缺光的乒乓福娘
缺少日照的情况下,乒乓福娘茎秆会徒长,叶片青绿色。

因气候关系呈现不同颜色
蓝色惊喜在不同季节会有不同的颜色,主要有蓝色和紫色的,因环境不同颜色稍有差别。

基本信息

推荐拼盆品种

吉娃莲

↔ 5~10 厘米

🌡 5~35℃

☀ 全日照

⚫ 每月 4 次

🌱 叶插、砍头、分株

♠ 春夏季节

肉友常见养护难题

@ 阿尔: 为什么我的蓝色惊喜株形不周正?

阿尔回复: 要想保持蓝色惊喜株形的周正,需定期转动花盆的朝向。长期朝向一个方向,会导致株形不周正。

@ 阿尔: 叶插很久没出芽,叶片有点蔫了,还能出吗?

阿尔回复: 先检查生长点是否完好,如果生长点完好,可适当多喷雾,保持土壤表面湿润。如果正值秋冬季节,可以尝试用玻璃器皿罩起来增加空气湿度,有利于叶片出根发芽。

景天科拟石莲花属
蓝色惊喜

日常叶片为淡蓝色、灰蓝色,覆盖少许白霜。寒凉季节日照充足可整株变成粉紫色甚至奶油色。喜欢全日照、干燥、通风的环境和排水良好的土壤。缺少日照的情况下,叶片会变成灰蓝色,叶片纤薄,甚至下垂"穿裙子"。所以,除了夏季要适当遮阴,其他季节最好都接受全日照。可在秋季进行叶插繁殖,成活率比较高,砍头和分株的繁殖方式更容易成活。

养肥上色秘诀: 蓝色惊喜虽然叶片不太厚,但是大比例的颗粒土加上严格的控水,让植株长时间处于"干渴"的状态,然后再一次浇透,可增加叶片厚度,让它有不一样的感觉。春秋适当施肥能长得更加圆润。

基本信息

推荐拼盆品种

碧桃

↔ 5~10 厘米

🌡 5~35℃

☀ 全日照

💧 每月 4 次

🌱 叶插、播种

🌸 春夏季节

92

肉友常见养护难题

@ 阿尔：我的这个叶片总是外展，如何才能让它包起来？

阿尔回复：生长季叶片外展很正常，只要不是"穿裙子"就无碍。如果想要让叶片包起来，可以加强控水，在盆土干燥后 7~10 天再浇水。

景天科拟石莲花属
剑司诺娃

　　这是一种非常有特色的多肉，叶片顶端几乎是锋利的三角形。叶片红边很明显，秋冬季节阳光充足、温差大，叶边会变成金属感的黑红色，整体感觉像一个随时开赴战场的战士。在养护上和其他拟石莲花属多肉类似，需要阳光充足和凉爽、干燥的环境，耐半阴，怕水涝，忌闷热潮湿。具有寒凉季节生长，夏季高温休眠的习性。所以，夏季的养护要多加留意，最好在阴凉且通风的地方养护，而且光照不能太弱。浇水应注意避开高温闷热天气。使用的土壤应疏松透气，稍有保水性就可以了。

　　养肥上色秘诀：剑司诺娃需要接受充足日照，阳光越充足叶片的质感越浓重，颜色越深。多年群生后，植株会非常壮观，沧桑又刚强，跟一般的拟石莲花属多肉有很大不同。

基本信息

推荐拼盆品种

蒂亚

↔ 3~6 厘米

🌡 5~35℃

☀ 全日照

🌢 每月 4 次

🍃 叶插、砍头、分株

🌸 春末夏初

肉友常见养护难题

@ 阿尔：用这样的土叶插可以吗？

阿尔回复：这样的土看起来保水性比较好，比较适合做叶插的培养土。浇水不要太多，最好用喷壶喷雾。

@ 阿尔：砍头后的巧克力方砖栽种后怎么养护？

阿尔回复：初期要在散射光下养护，冬季的话也可以阳光直射，大概一周左右浇透一次，之后可以循序渐进地晒太阳了。

景天科拟石莲花属
巧克力方砖

比较少见的深色系品种，颜色是深咖色。叶片先端较圆，有钝尖，叶片很薄，表面光滑，无白霜。温差大、光照充足时，叶片会是油亮的深咖色；日照强度大且低温环境下会出现红褐色；日照不足呈绿色，叶面光度下降。每年 9 月至第二年 6 月的生长期可以适当施肥，每周浇水 1 次是比较适当的，依据天气情况可提前或滞后几天。夏季休眠，超过 35℃需要遮阴，必要时需要用电风扇对着吹，以降低多肉周围的温度。

养肥上色秘诀：春、秋、冬三季接受充足光照就可以保持巧克力般的颜色。每天日照 4 小时是底线，时间越长越好。秋冬季节应把握上色的关键因素：低温和日照。适当降低夜间温度，并给予最长时间的日照，就能让它们漂亮起来。

基本信息

推荐拼盆品种

莎莎女王

↔ 5~10 厘米

🌡 5~35℃

☀ 全日照

💧 每月 4 次

🌱 叶插、分株

🌸 春季

94

肉友常见养护难题

@ 阿尔：夏季叶片颜色变粉红色了，会不会是要黑腐了？

阿尔回复：有些品种在夏季颜色会更漂亮，比如黛比、巧克力方砖，越晒颜色越深。而克拉拉夏季应该是浅绿色的，如果发现叶片在夏季突然变粉红色，就要及时脱土，检查叶片基部和根系，如果患病，应视情况进行砍头或晾根，旧土应暴晒或加多菌灵或其他杀菌剂消毒。

景天科拟石莲花属

克拉拉

　　叶片肉质，匙形，先端较圆，有钝尖，紧密排列呈莲花座形。夏季叶片为浅蓝绿色，有薄霜。寒凉季节会转变为粉红色，底部老叶还会出现橙黄色。喜欢疏松、排水透气性好的土壤，颗粒土配比高的土壤比较合适。养护环境湿度不能太大，保持在 45% 左右就可以，浇水见干见湿，新手没有把握的可以少浇一些，能避免湿热的盆土环境造成植株黑腐死亡。

　　养肥上色秘诀：日照充足、温差较大时，配合适当的浇水频率，可以养出粉嫩的颜色。盆土切忌过湿，使用纯颗粒土能降低黑腐病害的概率，加之长期的控水，能令叶片更饱满，颜色更通透。但是控水应掌握好度，如果浇水后第二天植株叶片明显饱满，说明控水力度合适；如果叶片在浇水过后两三天才能恢复饱满，说明控水太久了，根系的吸水能力受到了损伤。

紫珍珠的老叶和新叶颜色不同，新叶的颜色通常更粉嫩。

基本信息

推荐拼盆品种

绮罗

↔ 8~15 厘米

🌡 5~35℃

☀ 全日照

💧 每月 3 次

🌿 叶插、砍头、分株

🌸 冬季和春季

给点阳光就灿烂
只要有太阳，紫珍珠四季都有淡淡的紫色。

肉友常见养护难题

@阿尔：紫珍珠新叶子怎么这样了？

阿尔回复：很明显这是被介壳虫危害的结果，而且介壳虫应该还不少。赶紧查找叶心处、叶子背面、茎秆等处，发现介壳虫，直接拿牙签戳死。还需要检查其他多肉是否有介壳虫，发现有虫的应和其他多肉隔离开，并喷洒护花神，连喷3次，1周1次。

景天科拟石莲花属
紫珍珠

　　紫珍珠习性强健，对土壤的要求不高，纯颗粒土或园土都能使其很好地存活。根系良好的情况下，可以适当淋雨。初夏可以喷洒杀虫剂预防介壳虫。北方室内养护需要放置在阳光充足的地方，否则叶片会长得大而薄。叶插、砍头、分株都很容易成活。

　　养肥上色秘诀：光照越充足、温差越大，它的颜色越紫，如果光照不足，或者浇水太勤，叶片会变成灰绿色。夏季高温时，应遮阴、通风，并适当控水，避免徒长。冬季需要给予最长时间的日照，然后严格控水，这样才能达到控形和上色的目的。

紫珍珠的斑锦品种
上图为紫珍珠的斑锦品种——彩虹，锦化特性比较稳定，已经是一种独立出来的品种了。

控水后的猎户座
猎户座严格控水后叶片紧包，层层叠叠，非常好看。

猎户座叶片较厚，储水能力较强，所以浇水间隔要长。

基本信息

推荐拼盆品种

花月夜

↔ 5~13 厘米

🌡 5~35℃

☀ 全日照

💧 每月 4 次

🌿 叶插、分株、砍头

🍂 冬季和春季

肉友常见养护难题

@ 阿尔：有一片叶子化水了，是不是要黑腐了？

阿尔回复：不一定所有的叶片化水都是黑腐，通常黑腐化水的叶片比较多，周围叶片一碰就掉。如果不是这样的情况，叶子化水并不可怕，可摘除叶片后加强通风，继续观察。

景天科拟石莲花属

猎户座

　　猎户座喜欢光照，光照不足、浇水过度都会造成叶片变细长、疏松。猎户座的习性比较强健，养护不算困难。它是夏型种，夏季不会休眠，但也应注意遮阴，浇水可以见干见湿，其他季节可以尽情地晒太阳。冬季如果室外养护，低于 5℃ 应保持盆土干燥。猎户座繁殖主要是叶插，健康的叶片叶插几乎百分百成活，而且出现多头的概率比较大。群生的猎户座也可以剪取侧芽进行繁殖。

　　养肥上色秘诀：每天接受 4 小时的日照就可满足猎户座的需要，如果日照充足，控水合理，几乎一年四季都能看到叶缘的红边边。猎户座的颜色变化非常丰富，从浓艳的深红色到清新的粉白色都可能出现，这主要是光照强度决定的。长期在强烈日光下养护的猎户座颜色会浓艳些，反之则颜色较为清新。

基本信息

推荐拼盆品种

黑王子

↔ 5~10 厘米

🌡 5~35℃

☀ 全日照

💧 每月 1 次

🌿 叶插

🌺 春夏季节

肉友常见养护难题

@ 阿尔：大和锦叶片越来越绿是什么原因？

阿尔回复：图上这种状态还不错，叶缘有一点红色，叶心显得有些绿，这应该是开始迅速生长的表现，不用担心。此时可以增加日照时长，适当增加浇水量，生长速度会比较快。如果不想要长大，可以控水，叶片会更肥厚，株形会更紧凑一些。

@ 阿尔：大和锦只剩下茎秆了，还能发芽吗？

阿尔回复：这要看是什么原因导致的，如果是某些害虫啃食掉了叶片，是还会发芽的。如果是煤烟病或黑腐造成的叶子脱落，则基本不可能再发芽了。

景天科拟石莲花属

大和锦

大和锦是非常喜欢日照的品种，由于本身叶片储水能力强，非常耐旱，所以不喜潮湿的环境，切忌经常浇水或大水漫灌。夏季高温时更要减少浇水量，湿热的环境容易导致黑腐病。繁殖可选择砍头和叶插，成功率比较高。砍头下刀比较困难，非常考验刀工，新人首选叶插繁殖。多年生的老桩很容易掰叶子，叶片紧凑的话可以在换盆时摘取底部叶片。

养肥上色秘诀：大和锦非常喜光，所以增加日照时长是养出好状态的关键。如果日照时长低于 4 小时，就很难达到理想状态了。栽培土壤可选择颗粒比例较大的配土，春秋季节每月浇水 1 次，夏季可半月浇水 1 次。

大和锦叶插苗
大和锦叶插非常容易成活，生长点完整的几乎都能出芽。

皱叶月影中的拉古娜
拉古娜是皱叶月影中比较容易区分的，叶尖非常明显，有的甚至呈细丝，褶皱不大明显。

基本信息

推荐拼盆品种

冰莓

↔ 5~10 厘米

🌡 5~35℃

☀ 全日照

💧 每月 4 次

🍃 叶插、砍头、分株

🌸 春夏季节

98

肉友常见养护难题

@阿尔：这个养了一个冬季了，没怎么长，是没服盆吗？

阿尔回复：冬季低温，多肉生长速度没有春季快，看这个叶子都很硬挺，是健康的状态，等天气逐渐变暖，生长速度就会快一些，不用着急。

景天科拟石莲花属
皱叶月影

　　皱叶月影其实是一系列品种的统称，它们的共同点是叶片边缘都有褶皱，相似度非常高，不容易分辨，上图为皱叶月影中较为常见的品种拉古娜。生长季是绿色，可接受全天日照，盆土干燥后浇透水，如果叶心发绿、发白，叶片下垂，则应减少浇水量，拉大浇水间隔。夏季气温持续超过 30℃ 需要遮阴。南方地区冬季气温不低于 5℃ 可室外过冬，但应放置在温暖向阳且背风处。北方冬季需要搬入室内向阳处养护。

　　养肥上色秘诀：月影系在夏季和早秋颜值都不相上下，一片菜色，只有在冬季和早春才能看到它们的娇颜。南方冬季露养比较容易上色，不过应注意天气变化，预防冻害。北方冬季室内一般有暖气，不担心冻害，反而应注意远离暖气片等热源，避免将多肉"烤"得脱水发皱，另外夜间室温最好维持在 10℃ 左右，增加昼夜温差有利于植株上色。

基本信息

推荐拼盆品种

大姬星美人

↔ 5~10 厘米

🌡 5~35℃

☀ 全日照

💧 每月 4 次

🍃 叶插、分株

🌸 春季

肉友常见养护难题

@ 阿尔：我的木樨甜心怎么是绿色的？

阿尔回复：如果是在夏季，绿色是很正常的，大部分人养的木樨甜心在夏季都是绿色的。等到了深秋，天气渐渐变凉，有了温差，木樨甜心才能慢慢上色，到初春会变成通体粉红。

木樨甜心的花朵。木樨甜心开花一小簇、一小簇的，很是雅致，还有淡淡的香气，甚是招人喜爱。

景天科景天属

木樨甜心

也称"木樨景天"，叶匙形，不算肥厚，叶表覆盖白霜，紧密排列呈莲花座形。一年四季颜色都很漂亮，质感独特，出状态后可以通体粉红。习性非常强健，抗旱性强，较能耐受夏季高温，保持盆土干燥，度夏没有太大难度。最怕闷热天气，应注意通风。室内养护时，夏季一定要加强通风措施。

养肥上色秘诀：栽培土壤需要透气性好、排水性好、疏松而肥沃的。平时给予充足的光照，浇水见干见湿，可促进根系生长。夏季浇水应选择晴朗有风的天气，最好在晚上，这样既可以避开烈日，也能让水分快速蒸发，能确保植株根系处于比较干爽的环境中。冬季应放在向阳处，拉大浇水间隔，并减少浇水量。冬季室内养护要注意通风，可在温暖晴好的日子开窗通风，但不要让风口正对植株。

生长迅速易爆盆

大部分多肉植物生长速度慢，三五个月好像都没什么变化。如果你喜欢生长迅速、容易长满盆的多肉，可以尝试下面这些品种。

基本信息

推荐拼盆品种

黄丽

↔ 4~9 厘米

🌡 5~35℃

☀ 全日照

🌢 每月 4 次

🍃 叶插、砍头、分株

🌸 春季

肉友常见养护难题

@阿尔：乙女心怎么变畸形了，是虫害吗？

阿尔回复：乙女心在冬季可能因为日照不足，或长期不换土而导致营养缺乏，新生叶片比较短小纤细，形成底部叶片大，中心叶片小的状态，看似畸形或者像是虫害的表现。这种情况可通过增加日照和更换盆土来改善。

乙女心适合造型。多年生的老桩可塑性非常大，可以按照自己的喜好进行修剪。

价廉物美
乙女心能够养出通透的果冻色，颜值非常高，而且它的价格也很亲民，真正的价廉物美。

景天科景天属
乙女心

乙女心是生长比较迅速的品种，喜欢疏松、排水良好的土壤，适合日照充足、干燥、通风的环境。夏季超过35℃会进入休眠状态。新人常常会将它与八千代混淆，乙女心叶片肥厚，叶色绿中带蓝，茎秆上的叶痕明显；八千代叶片相对细长，尤其叶片顶端，而且叶色是嫩绿色，其茎秆较为光滑。

养肥上色秘诀：乙女心的习性非常强健，出状态后也非常漂亮。很多人说，乙女心不容易出果冻色，其实还是因为没有合适的日照强度和低温。室内养护隔着两层玻璃，可以降低紫外线的强度，这样多肉的颜色会比较柔和，不浓烈。以前大家认为温差是多肉上色的重要因素，其实只有温差还不够，更重要的是低温。夜间低温持续在5~10℃就比较容易上色。养肥的前提是根系强健，然后就可以通过控水让植株叶片变肥。

室内养护的蒂亚颜色鲜艳
常年室内养护的蒂亚，因为
紫外线强度弱，冬季和早春
会呈现出如此鲜艳的颜色。

基本信息

推荐拼盆品种

大姬星美人

↔ 5~8 厘米

🌡 5~35℃

☀ 全日照

💧 每月 4 次

🍃 叶插、砍头、分株

🌸 春夏季节

肉友常见养护难题

@ 阿尔：刚养没多久的蒂亚，长了很多气根是怎么回事?

阿尔回复：这说明它们多数还没服盆。再看叶片比较包，没有光泽，看不出叶心有新生的迹象。盆土干燥后可以大水浇灌一次，再继续观察。如果还不见生长迹象，可检查土壤是否透气。

景天科景天属 × 拟石莲花属

蒂亚

别名"绿焰"，生长速度快，易群生。蒂亚的习性非常强健，室内养护需要充足日照，并配以沙质土壤，增加通风。蒂亚对水分不敏感，浇水多少都不影响成活，盆土七八分干燥也可浇水。蒂亚的繁殖能力也非常强，叶插、砍头、分株都可以，并且成活率也是出奇的高，是非常适合新人养的一个品种。

养肥上色秘诀：很多人都觉得蒂亚特别爱"穿裙子"，冬季也不容易变红，其实这是因为光照时间不够长造成的。如果每天日照时长超过 5 小时，在底部叶片明显发皱后再浇水，蒂亚就会如大图一般美丽了。

蒂亚的花期在春夏季节
蒂亚的花白色、钟形，多个花箭一起开放十分清新雅致。

控形后叶片较短
蓝苹果一般叶片比较长，经过长期控形也可以养出短小肥厚的叶片。

基本信息

推荐拼盆品种

乙女心

↔ 5~12 厘米

🌡 5~35℃

☀ 全日照

💧 每月 4 次

🌿 叶插、砍头、分株

🌸 春夏季节

肉友常见养护难题

@ 阿尔： 叶片背面有黑斑，是病害吗，怎么治？

阿尔回复： 这黑色的叶片是被晒伤了，应移至阴凉的地方养护，注意遮阴，加强通风。这样的晒伤程度不大，不会影响生长。

蓝苹果花箭。春季或夏季蓝苹果会长出花箭，花箭抽出较慢，历时一个月左右。

景天科拟石莲花属

蓝苹果

又称"蓝精灵"，比较好养的品种。蓝苹果习性较强健，耐干旱，稍微耐半阴，但长时间半阴养护品相不佳。对水、肥需求不多，新人只要少浇水，保持盆土适当干燥，不乱用肥料，就能成活。其生长速度算比较快的，容易爆头，成株一两年就能养成群生老桩。夏季注意遮阴，适当控水，但不能断水，保持空气流通也是十分必要的。蓝苹果是非常容易繁殖的品种，叶插、砍头、分株都容易成活。

养肥上色秘诀： 大比例的颗粒配土能够让蓝苹果保持紧凑的株形，当然生长速度也会慢下来。如果控水合适还会令叶片向内聚拢，形成漂亮的"蓝包子"。越是低温和长日照，蓝苹果的颜色就越漂亮。长期控养的蓝苹果到深冬可呈现整株通红的状态。

颜值潜力巨大
劳尔的颜值潜力巨大，只要细心养护，它就能呈现出不一样的美丽，让你对它爱不释手。

基本信息

推荐拼盆品种

桃美人

↔ 3~6 厘米

🌡 5~35℃

☀ 全日照

💧 每月 4 次

🍃 叶插、砍头、分株

🌸 春夏季节

肉友常见养护难题

@ 阿尔：劳尔种上很久了还没服盆，怎么办？

阿尔回复：这种状态看来是太久没服盆，严重缺水了。可以尝试浸盆一次，观察两天，看有无改善。如果还是没变化，建议取出植物重新修根上盆。

劳尔花箭可扦插。劳尔生出的花箭，刚开花时可以剪下来扦插繁殖。花箭扦插和砍头操作一样，花谢后会长出新芽。

景天科景天属

劳尔

　　劳尔是少数能散发香味的多肉之一，因此是非常受欢迎的品种。冬季阳光充足时，叶片会变成果冻黄色，顶部粉红色，控水严格会整株变成粉红色，叶片质感通透，色泽柔和。劳尔容易群生，生长速度和爆盆能力都是数一数二的，多年生植株会木质化。喜欢温暖、干燥和阳光充足的环境，耐旱，耐半阴。劳尔非常不耐寒，冬季要特别注意防冻，最好在接近 5℃ 时就移至室内养护。

　　养肥上色秘诀：劳尔浇水稍多些，茎秆就会迅速拔高，叶片稀松，株形不够紧凑，所以，掌握合适的浇水频率是控形的基础。尤其在夏季，即便控制浇水还可能会徒长，这种情况就需要加强通风，如果通风条件不易实现可以选用口径大而且比较浅的花盆，这样能加速水分蒸发，让土壤迅速干燥。另外，就是要有足够长时间的光照，这样才能养出好的状态。

淡雪生长速度快
淡雪生长速度较快，一年就
能养出枝干。

基本信息

推荐拼盆品种

丸叶姬秋丽

↔ 5~13 厘米

🌡 5~35℃

☀ 全日照

💧 每月 4 次

🍃 叶插、砍头、分株

🌑 春夏季节

肉友常见养护难题

@ 阿尔：给淡雪用的配土，这样
行吗？

阿尔回复：看起来腐殖土多一些，
没有多少颗粒，这样的土比较保
水。如果是南方夏季湿热的天气，
这种土不利于度夏。如果是北方
还好，可以减少浇水量。不过这种
土对于老桩来说不太适用，老桩的
配土要更多颗粒，可以更透水透气
一些。

景天科风车草属
淡雪

　　淡雪又称"幽灵公主"，是胧月的杂交后代。叶形
和胧月很像，出状态比胧月粉嫩很多，也比胧月容易
上色。习性还是比较强健的，养护环境要通风、干燥、
忌高温、水涝。春秋两季生长速度比较快，浇水应见
干见湿。夏季无明显休眠现象，浇水时间应选择在傍
晚或晚上。冬季低温应注意防冻害，户外气温不低于
5℃，可在室外露养，并保持盆土干燥。

　　养肥上色秘诀：淡雪出状态后从淡淡的白霜中透
出粉粉的颜色，少女感十足。状态最好的时候是在每
年的冬季，所以在春季应注意适时浇水，北方天气大
概每周一次，促进根系生长。夏季浇水可减少水量，
不让根系干枯即可，大部分时间保持土壤干燥。秋季
浇水可见干见湿。如果不是必要，请不要在秋季换盆
了，以免损伤根系，影响冬季状态的呈现。冬季需要
控水，大概每月浇 1 次水。

基本信息

推荐拼盆品种

蓝宝石

↔ 3~4 厘米

🌡 5~35℃

☀ 全日照

💧 每月 4 次

⬥ 分株、叶插、砍头

🌸 春夏季节

肉友常见养护难题

@阿尔：为什么部分出现徒长的情况？

阿尔回复：看图中部分侧芽有些徒长，可能是一部分背阴，一部分向阳，导致的生长状态不一样。建议隔段时间就转动花盆的朝向，让植株各个部分接受光线照射的时间均衡些，群生的状态就会比较一致。

景天科拟石莲花属
花乃井

　　比较迷你的多肉品种，单头直径在 3 厘米左右，容易群生。花乃井喜欢阳光充足且凉爽、干燥的环境，耐旱，不耐寒，怕高温、湿热。夏季少量浇水，保持盆土稍微干燥，要适当遮阴并加强通风，春秋要求有足够的日照，浇水见干见湿，冬季室内养护要少量浇水，并延长浇水时间。叶插和分株都比较容易成功，砍头不太容易下刀。新人首选分株繁殖。

　　养肥上色秘诀：群生花乃井叶片密集，最好选择花盆口径比较大、高度适中的，这样浇水后，水分可以更加快速地蒸发，植株也能更好地生长。使用颗粒土比例大的土壤栽培，并遵循见干见湿的浇水原则，可以令叶片更加肥厚。冬季适当调节室内温度，制造大的昼夜温差可令颜色更艳丽。

单头与缀化同在
一棵伊利亚月影很可能存在缀化和正常单头同时存在的情况，这并不稀奇。

多肉越肥越美

基本信息

推荐拼盆品种

紫罗兰女王

↔ 5~10 厘米

🌡 5~35℃

☀ 全日照

💧 每月 4 次

🌱 叶插、分株、砍头

🌸 冬季和春季

106

肉友常见养护难题

@ 阿尔：缀化怎么变正常了？

阿尔回复：伊利亚月影非常容易群生，很多时候看似缀化的形态并非是真正的缀化，而是多个小头在一个生长点一起开始生长的形态，等小头长大就逐渐恢复了正常状态。当然也有的情况是本身是缀化形态，由于不明原因的外界因素刺激而恢复了正常的形态。这种情况比较少见，而且也不是人为能够控制的。

景天科拟石莲花属
伊利亚月影

容易群生和缀化的品种。夏季叶片颜色为嫩绿色，通透度较差，气温低的冬季，昼夜温差大，光照充足的情况下会变得很果冻的感觉，有嫩黄色也有稍带粉色的，通透度增高。喜欢温暖、干燥、通风的环境，耐旱，不耐寒，忌湿热。夏季闷热的时候要拉长浇水间隔，做好通风工作。

养肥上色秘诀：想要把颜色养得干净、果冻，需要做到不干不浇、浇则浇透，放在可以接受全日照的地方。浇水一定要避免浇在叶片上，尤其群生和缀化，叶片密集、不通风的话很容易黑腐。土壤要选择疏松透气的，利于根部的生长，根长好了，植株才健壮，才更容易养出好的状态。

基本信息

推荐拼盆品种

罗西玛

↔ 8~12 厘米

🌡 5~35℃

☀ 全日照

🌢 每月 3 次

🍃 砍头、播种

🔺 春夏季节

肉友常见养护难题

@ 阿尔：纸风车底部叶片消耗快是怎么回事？

阿尔回复：如果是新栽种的话，这种情况是正常的。如果是正常养护中出现这种情况，应考虑是否土壤板结，根系不能吸收水分和养分；再有就是在冬季低温时，纸风车可能会出现短暂的休眠，这时候叶片消耗快也属于正常现象。

景天科拟石莲花属
纸风车

纸风车的叶片呈匙形，稍有叶尖，密集排列成莲花座形，秋冬季节叶片会变红。纸风车喜欢排水透气的土壤，温暖干燥又通风的环境。属于夏型种，夏季浇水见干见湿，比较容易度夏。叶片比较薄，叶插成功率稍低，叶插环境需要保持高湿度且通风。通常采用砍头或播种的方法繁殖。

养肥上色秘诀：纸风车叶片密集，但比较薄，如果想养肥，可以适当施用薄肥，或者在植株底部叶片干瘪后再浇透水，叶片会储存更多的水分，以应对下次出现的干旱。冬季和春季是纸风车状态最美的时候，应给予它最长时间的日照，保持土壤干燥，加大昼夜温差，并注意保持一定的空气湿度。如果空气太过干燥，纸风车的颜色也会比较暗淡，不鲜活。

宽叶不死鸟

景天科伽蓝菜属

养护难度
●○○○

- ↔ 8~20 厘米
- 🌡 5~35℃
- ☀ 全日照
- 💧 每月 2 次
- 🌱 叶插

又称为"落地生根""蕾丝公主"，在叶片每一个钝齿之间都可以产生新的小苗，好像蕾丝花边一样，小苗落地即成一新植株。只要不频繁浇水，放在阳光充足的地方，它就能迅速生长、繁衍，不用担心养死。

观音莲

景天科长生草属

养护难度
●○○○

- ↔ 5~10 厘米
- 🌡 0~35℃
- ☀ 全日照
- 💧 每月 3 次
- 🌱 分株

观音莲是花市常见的多肉品种。喜欢沙质土壤，对水分比较敏感，每次浇水量要少。初春季节应喷洒杀虫剂预防介壳虫。夏季高温需要遮阴，还要特别注意环境通风。观音莲在 0℃ 以上的无风天气能露天养护。

蛛丝卷绢

景天科长生草属

养护难度
●●○○

- ↔ 5~8 厘米
- 🌡 0~35℃
- ☀ 全日照
- 💧 每月 3 次
- 🌱 分株

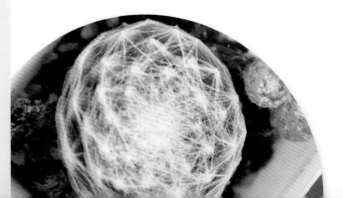

大红卷绢

景天科长生草属

养护难度
●○○○

- ↔ 3~8 厘米
- 🌡 0~30℃
- ☀ 明亮光照
- 💧 每月 3 次
- 🌱 分株

为长生草属的一个经典品种，易生侧芽，爆盆能力强。叶绿色，叶先端密生白色茸毛。适合生长在阳光充足、凉爽、干燥的环境中，在温差大且阳光充足的条件下呈紫红色。大红卷绢是较为耐寒的品种，南方冬季不低于 0℃ 可露养。春秋浇水需见干见湿，短时雨水浸泡也没有问题。夏季温度超 30℃ 时浅休眠，应节制浇水，可在比较凉爽的傍晚或晚上浇透水。

是非常特别的一款长生草，植株叶片顶端会有天然的茸毛黏连，形成蛛网状。夏季为绿色，秋冬外围叶片可变深红色。习性同观音莲类似，浇水要少，而且不要兜头浇水，避免淋雨，以免破坏蛛丝的完整。

丸叶姬秋丽

景天科风车草属

 养护难度 ●○○○○

↔ 2~4 厘米 🌡 5~35℃

☀ 全日照 💧 每月 4 次 🌱 叶插、砍头、分株

　　通常叶片是灰绿色的，寒凉季节接受充足日照可以渐渐转变为浪漫的粉色，阳光下还会反射出星星点点的光芒。丸叶姬秋丽习性强健，生长速度较快，容易徒长，也容易群生。比较耐旱，浇水太勤会让茎秆徒长。容易掉叶子，最好少搬动。

钱串

景天科青锁龙属

养护难度 ●○○○○

↔ 1~2 厘米

🌡 5~35℃

☀ 全日照

💧 每月 5 次

🌱 砍头、分株、叶插

生长期宜保持土壤湿润，避免积水，否则会造成植株根、基部腐烂。

　　其叶片层层相叠，异常新奇，如同古代串起的钱币般。喜欢充足的日照，相比一般品种需要频繁的浇水，如果日照不足，或者干旱，叶片之间会出现空隙，叶片不饱满。繁殖方式通常是剪取一段茎秆扦插，不过一对完整的叶片也能叶插出新苗。

姬秋丽

景天科风车草属

养护难度 ●●○○○

↔ 2~4 厘米

🌡 5~35℃

☀ 全日照

💧 每月 4 次

🌱 叶插、砍头、分株

　　姬秋丽是迷你型多肉，单头大小仅为大拇指指甲大小。繁殖力强，叶插、砍头、分株都容易成活。喜欢充足的日照，浇水见干见湿，土壤疏松透气即可。冬季和春季日照充足，整株会变成粉红色，少女感十足。

佛珠

菊科千里光属

养护难度 ●○○○○

↔ 1 厘米

🌡 5~30℃

☀ 明亮光照

💧 每月 6 次

🌱 分株

　　又名"珍珠吊兰""绿之铃"，茎蔓状匍匐、下垂，适合室内悬挂栽培。叶肉质，圆如念珠，直径 1 厘米，淡绿色至深绿色。喜欢明亮光照，忌强烈光照，比较喜水，浇水可频繁一些。长期干旱会造成部分叶子干瘪、萎缩。

选择透水、透气的土壤
对于酥皮鸭来说，透水、透气性
好的土壤能更好地生长，冬季
才更容易养出好的状态。

基本信息

推荐拼盆品种

锦晃星

↔ 2~3 厘米

🌡 5~35℃

☀ 全日照

💧 每月 4 次

🔪 砍头、分株

🌸 春季

肉友常见养护难题

@ 阿尔： 酥皮鸭叶片消耗很快，是生病了吗?

阿尔回复：如果是夏季，叶片消耗快是正常的，因为气温过高，酥皮鸭会休眠，底部叶片逐渐消耗，而新生叶片几乎没有生长迹象。如果是其他季节，考虑是根系出了问题，应查看根系健康状况。

景天科拟石莲花属

酥皮鸭

　　植株多直立，可长成树状，叶片比较小，先端肥厚，叶尖明显。一般情况下叶片是绿色或深绿色的，秋冬寒凉季节，叶缘会变红，叶片底色也会变成似油酥的黄色。喜欢温暖、干燥和阳光充足的环境。疏松、透气的栽培介质能让它更好地生长。

　　养肥上色秘诀： 酥皮鸭养出红色是比较容易的，冬季给予充足日照，制造较大的昼夜温差并控制浇水就可以了。很多人养护的酥皮鸭颜色暗红，颜色不够鲜活，这时候可以试试减弱日照的强度，并提高夜间的空气湿度，植株会显得更有生机，颜色也更鲜活。

酥皮鸭长气根
酥皮鸭长气根的原因比较复杂，可能是本身根系出了问题，无法吸收水分和养料，也可能是周围空气湿度过高，不过一般对植株生长没有太大影响。

适当增加光照

劳伦斯的叶形和颜色都非常容易出状态，适当增加日照时长，颜色可以更红。

基本信息

推荐拼盆品种

蓝姬莲

↔ 5~13 厘米

🌡 5~35℃

☀ 全日照

💧 每月 4 次

🍃 叶插、分株、砍头

🌸 春夏季节

肉友常见养护难题

@ 阿尔：劳伦斯底部长出很多小芽，会不会被挤死？

阿尔回复：劳伦斯是比较爱长侧芽的，而且一下会长很多小芽，其实，这不需要处理。大部分时候，侧芽长太多，植株底部的叶片代谢就会加快，有的可能会化水，这样就给小芽腾出了生长空间。

养护不同则颜色不同。适当多浇水、多用腐殖土可以使植株颜色清新淡雅。若想要浓烈的颜色可以拉长浇水间隔，接受较强日光照射，并选择颗粒较多的土。

景天科拟石莲花属
劳伦斯

叶片代谢速度比较快，容易爆头群生，需要及时清理枯叶。叶片正常为蓝绿色，白霜较厚，寒凉季节叶片会慢慢变成粉红色，甚至整株变粉红，像火红色的莲花，非常漂亮。习性强健，比较好养，根系养好后可以露养。浇水见干见湿，避开阳光比较强烈的时候。雨后应注意清理叶心积水，加强通风。劳伦斯可以摘取健康的叶片进行叶插，出芽率比较高。生长速度比较快，而且容易爆侧芽，成株大概经过一年左右就会爆盆，长成大群生。

养肥上色秘诀：日常要多晒太阳，保证至少每天 4 小时，叶片边缘就会有颜色。清新的蓝绿色配上粉红的边边非常养眼。适当控水可以令叶片更短、更厚、更紧包。冬季温差大、低温时就要减少浇水量，株形和颜色都会很漂亮。薄薄地铺上一层淡黄色的铺面土，既能够提升劳伦斯的美，又可以保温。

玉露宜采取闷养
秋冬气温比较低时,可以用较大
的塑料瓶把玉露罩起来"闷养",
这样窗面会更加透亮。

基本信息

推荐拼盆品种

樱水晶

↔ 4~8 厘米

🌡 5~35℃

☀ 明亮光照

💧 每月 4 次

🍃 分株、叶插

🌸 春夏季节

肉友常见养护难题

@ 阿尔: 玉露为什么变得暗淡干瘪?

阿尔回复: 玉露喜欢半阴环境,强
烈光线照射可能会造成这种情况。
如果是在夏季半阴环境下养护,也
可能会是这样的,玉露夏季休眠,
状态不佳。等到秋冬季节可以用
透明的玻璃器皿或塑料器皿将玉
露罩起来闷养,叶片会变得饱满而
又晶莹剔透。

百合科十二卷属

玉露

　　玉露种类繁多,晶莹剔透,非常可
爱。习性和景天科多肉植物不同,喜欢半
阴、凉爽、通风的环境,耐干旱,不耐寒,相
比景天科植物更容易养活。对光照需要比
较少,而且最好是散射光,强烈的日照会把
它晒干瘪,变成灰褐色。但如果长期不见太
阳或是浇水太频繁,叶片也会长长,而且特
别松散,不美观。

　　养肥上色秘诀:虽然不太需要光照,但
是也不能完全没有光照,适合在光线比较弱
的地方养护。玉露的根系比较长且粗壮,应
选择较深的花盆栽种,栽培介质最好颗粒土
多一些,能够较好地透水、透气。夏季和冬
季可以使用喷壶对叶片进行喷雾,能够增加
窗面的通透度。

健康的红宝石
健康的红宝石植株紧凑,叶片光滑饱满。

基本信息

推荐拼盆品种

迈达斯国王

↔ 5~13 厘米

🌡 5~35℃

☀ 全日照

💧 每月 3 次

🍃 叶插、砍头、分株

🌸 春夏季节

肉友常见养护难题

@阿尔: 红宝石茎秆干瘪,怎么办?

阿尔回复:这种情况多见于土壤板结、夏季干旱暴晒,这时候最好是剪去干瘪萎缩的茎秆重新发根。

@阿尔: 红宝石总是绿绿的不变色怎么办?

阿尔回复:红宝石比较容易出状态,见干见湿地浇水,给予适当的日照强度,并增加日照时间就能养出红亮亮的颜色。

景天科景天属 × 拟石莲花属

红宝石

中小型品种,容易群生,生长速度较快。出状态时就如它的名字一样,像是闪闪发光的红色宝石。习性强健,对水分不太敏感,在不积水的前提下,浇水量多一些少一些影响不大,是比较容易度夏的品种,超过 35℃ 适当遮阴,加强通风就可以。

养肥上色秘诀:红宝石是我非常喜爱的品种。不仅因为好养,而且它的颜色特别容易保持。春、秋、冬三季给予充足日照,适当控水,就能呈现大图这样的颜色。夏季是生长季,需要提高浇水频率,虽然颜色会褪一些,叶心会变绿,不过整体还能看到红色。

红宝石晒伤
虽然红宝石喜欢全日照,但是夏季应注意遮阴和通风,如果任由它在日光下直射,只会将其晒伤甚至晒死。晒伤初期叶片是黄褐色,略有褶皱,晒伤后期就会变成黑色的斑块,非常难看。

基本信息

推荐拼盆品种

姬胧月

↔ 5~13 厘米

🌡 5~35℃

☀ 全日照

💧 每月 2 次

🌿 砍头、分株

🍂 夏季

影响多肉颜色的因素很复杂
蓝色天使能够养出鹅黄色是养
护环境、方法等多种因素促成的，
只有个别因素相似也很难养出
这种颜色。

多肉越肥越美

114

肉友常见养护难题

@ 阿尔：秋季开始，蓝色天使从叶
心开始变白，是锦化了吗？

阿尔回复：通常从叶心开始变白应
该是锦化的表现，但很多人跟我说
都有这种情况，之后老叶也随之变
白，底部叶片逐渐枯萎、掉落。现
在看来，这应该是蓝色天使的一个
通病，具体原因不好说。不过叶心
完全变白，之后多数叶片也跟着变
白，那很可能这株蓝色天使就逃不
脱死亡的命运了。没有什么好的
办法，可以试试将白色部分砍头，
刺激底座重新萌发新芽。

景天科风车草属 × 拟石莲花属

蓝色天使

习性比较弱，对水分特别敏感，浇水要少，浇水
间隔要长，水大容易黑腐。尤其夏季高温，更要减少
浇水，并放置在通风好的位置。冬季要特别注意防冻，
气温不低于 5℃ 时也要保持盆土干燥。叶片比较薄，
叶插出根出芽的时间比较长，叶片容易化水腐烂，主
要用砍头和分株的扦插方式来繁殖。生长速度比较快，
容易长出枝干，也比较容易群生。

养肥上色秘诀：之前一直以为蓝色天使就是绿色
或者蓝绿色的，没想到最后养着养着变成了鹅黄色，
真的非常出人意料。上色的方法和其他品种没太大的
差别，就是多晒少水，不过要特别注意预防夏季黑腐
和煤烟病，加强通风。必要时连续 4 周每周喷洒多菌
灵溶液一次。

基本信息

推荐拼盆品种

织锦

↔ 3~6 厘米

🌡 5~35℃

☀ 全日照

💧 每月 3 次

🌱 叶插、砍头

🍂 春夏季节

肉友常见养护难题

@ 阿尔：想要迅速让娜娜小勾爆盆，该选择什么样的配土？

阿尔回复：娜娜小勾本身就爱长侧芽，一年左右爆盆不成问题。配土只需要为它提供充足的营养，并保证透水、透气就行，比如上图，四份腐殖土和两份颗粒土混合就是不错的选择。除此之外，你还需要选择一个稍大的花盆，给它足够的生长空间。另外，还需要适当缩短浇水间隔，促进植株快速生长，当然也不能太频繁的浇水，否则会使它过分徒长。

景天科拟石莲花属
娜娜小勾

　　也叫"娜娜胡可""七福美妮"，是七福神和姬莲杂交得到的，叶形更接近七福神，窄长、叶尖明显。习性较为强健，喜欢疏松透气的土壤，阳光充足且通风的环境，稍耐半阴，不耐寒，忌高温水湿。春秋季节生长迅速，浇水可稍勤快些，避免积水；夏季高温生长缓慢或完全停滞，冬季生长也比较慢，所以浇水量要减少。生长速度和爆侧芽能力都很强，成株养一年左右就可以变群生。

　　养肥上色秘诀：生长季的娜娜小勾叶片多为蓝色或蓝粉色，秋冬寒凉季节，阳光充足、温差增大，再加上适当控水就可以令叶片变成嫩黄色，叶尖变红。如果还养不出颜色，应根据自己的配土和环境来调整浇水的频率，逐渐加大浇水间隔，并注意观察其状态。

奶油黄桃叶片宽大
即使严格控水后，奶油黄桃的
叶片还是宽大的。

基本信息

推荐拼盆品种

吉娃莲

↔ 5~13 厘米

🌡 5~35℃

☀ 全日照

💧 每月 2 次

🍃 叶插、砍头、分株

🍂 夏季

肉友常见养护难题

@ 阿尔：如何分辨玉蝶和奶油黄桃？

阿尔回复：图上为玉蝶的成株，个头非常大，叶片是蓝绿色的，较宽大；奶油黄桃成株个头比玉蝶小，叶片白霜较厚。

奶油黄桃叶片代谢速度比较快。通常底部老叶在变红后会逐渐干枯，一段时间不清理就能出现层层叠叠的枯叶，最好隔一个月左右清理一次。

景天科拟石莲花属

奶油黄桃

　　还有一个名字叫"亚特兰蒂斯"。喜欢干燥、凉爽、通风的环境，耐旱，不耐高温湿润。夏季高温会休眠，注意减少浇水，通风、遮阴。夏季多雨天气容易黑腐死亡，露养应注意遮雨，室内养护注意加强通风，必要时可以利用人工手段降低温度。春秋为主要生长期，喜欢全日照，容易群生。繁殖主要靠叶插和砍头、分株。

　　养肥上色秘诀：奶油黄桃的红边还是比较容易养出来的。在温差大的季节，控制浇水，使土壤保持干燥，再给它每天 4 小时以上的日照，用不了几天，红边边就浮现出来了。大部分人养出的奶油黄桃叶片都比较薄，这是还没有掌握好浇水频率造成的。常年合理的浇水，即便不施肥也能养出肥厚的叶片。

基本信息

推荐拼盆品种

碧桃

↔ 5~13 厘米

🌡 5~30℃

☀ 全日照

💧 每月 4 次

🍃 叶插、砍头、分株

🌸 春夏季节

肉友常见养护难题

@阿尔： 刚浇过水，三色堇底部叶片还是褶皱的，怎么办？

阿尔回复：从图上来看，大部分叶片是硬挺的，应该没有问题，不是根系或茎秆有问题，应该是老叶自然代谢的现象。通常叶子比较薄的品种，老叶的枯萎现象比较常见，即便合理的浇水也不能阻止老叶变皱、变干。叶片圆润饱满的品种，叶片代谢速度就非常慢，而且很少看到底部老叶干枯。

景天科拟石莲花属
三色堇

三色堇几乎常年是蓝绿色，叶片纤薄，两侧向内略弯曲，叶尖明显。习性较为强健，喜欢温暖干燥的环境，尤其喜欢日照，对土壤要求不严，透水透气即可，耐干旱，不耐寒。浇水遵循"不干不浇，浇则浇透"的原则，避免兜头淋，尤其是夏季。夏季连续三天气温超过 30℃ 需要遮阴，连续阴雨天气不用浇水，如果室外露养也要避免长时间淋雨。冬季养护环境的气温不能低于 5℃，应保持盆土干燥。

养肥上色秘诀： 三色堇虽然出状态时非常貌美，蓝色、黄色、粉色渐变，叶片呈现出通透的质感，但是这样的状态是比较难达到的。相较其他多肉品种，三色堇需要更长的日照。充足的日照加上长期见干见湿地浇水，还有冬季室内较高的空气湿度，可逐渐养出较好的状态。

红粉佳人
景天科拟石莲花属

养护难度
●○○○

- ↔ 8~10 厘米
- 🌡 5~35℃
- ☀ 全日照
- 💧 每月 3 次
- 🌱 叶插、砍头、分株

又称为"粉红女郎"。春秋季节相对比较喜水，也耐旱，生长速度非常快，容易群生。对水分不太敏感，浇水见干见湿，给予充足日照，夏季需要适当遮阴。叶插非常容易，砍头和分株也非常容易成活。

树冰
景天科景天属 × 拟石莲花属

养护难度
●○○○

- ↔ 2~4 厘米
- 🌡 5~35℃
- ☀ 全日照
- 💧 每月 3 次
- 🌱 叶插、砍头、分株

树冰喜欢凉爽、干燥的环境，土壤只要疏通、透气、排水良好即可。浇水见干见湿，冬季浇水频率和水量都应相应减少。除了夏季需要遮阴，其他季节可以接受全天的日照。叶插非常容易成活，砍头生长速度更快。

千佛手
景天科景天属

养护难度
●○○○

- ↔ 4~8 厘米
- 🌡 5~35℃
- ☀ 全日照
- 💧 每月 3 次
- 🌱 叶插、扦插、砍头、分株

属于垂吊型景天，生长速度快，习性强健，喜欢全日照，很少发生病害。日常为绿色，秋冬寒凉季节叶尖可变成黄色、粉色。对水分需求不多，底部叶片发皱后再浇水即可，根系比较发达，可选用较深的花器栽种。透水透气的沙质土壤栽培有利于植株生长。

艳日辉
景天科莲花掌属

养护难度
●○○○

- ↔ 3~8 厘米
- 🌡 5~35℃
- ☀ 全日照
- 💧 每月 5 次
- 🌱 砍头、分株

别名"清盛锦"，生长速度快，易从茎秆生出多个侧芽，形成捧花状。缺光及生长季为绿色，出状态后，植株可呈现出红、黄、绿三色。春秋季节可大水灌溉，促进生长；夏季休眠，注意控制浇水量；冬季生长速度缓慢，应减少浇水。繁殖主要依靠砍头、分株。

艳日辉应避免闷热、潮湿的环境，否则植株容易腐烂。

梦椿

景天科青锁龙属

养护难度
●●○○○

↔ 3~5 厘米　🌡 5~35℃

☀ 全日照　💧 每月 3 次　🌿 叶插、分株

　　梦椿叶片扁平，长椭圆形，表面有密集的白色茸毛，茎秆短，易群生。日照不足叶色为绿色，大部分时候叶色为红色或黑红色。属于冬型种，冬季生长，夏季休眠，度夏稍有困难，需注意遮阴，控制浇水量，加强通风。在盆土过度潮湿的情况下容易腐烂，切忌浇水过多。花期在冬季和春季，开花非常漂亮，花白色，似繁星点点。

火祭

景天科青锁龙属

养护难度
●○○○○

↔ 3~5 厘米　🌡 5~35℃

☀ 全日照　💧 每月 4 次　🌿 砍头、分株

　　多年生匍匐性肉质草本，可悬吊起来养成吊兰。在温差较大，阳光充足的春季、秋季、冬季，肉质叶呈艳丽的红色。喜温暖干燥和阳光充足的环境，在半阴或荫蔽处植株虽然也能生长，但叶色不红。对土壤要求不高，只要阳光充足，浇水适当，纯泥炭土能活，纯园土也能活。繁殖主要靠砍头和分株。本身生长速度就非常快，自然生长很容易长侧芽，如果对其进行打顶，则每个叶片的基部几乎都会生出一个小头来，可剪取这些小头做扦插，一年四季都可进行，成活率非常高。

春季过度到夏季时，火祭叶心生长的新叶会变绿，这是很正常的现象，因为气温逐渐升高，火祭逐渐进入快速生长期。这也表示植株非常健康，且生长环境非常适宜。

基本信息

推荐拼盆品种

劳尔

↔ 5~8 厘米

🌡 5~35℃

☀ 全日照

💧 每月 2 次

🍃 叶插、砍头、分株

🌸 春夏季节

肉友常见养护难题

@ 阿尔：香草叶插的母叶化水了，小苗还能活吗？

阿尔回复：叶插小苗母叶化水是常有的事，看这个叶插苗长得也不小了，只要小苗长了根系应该就不成问题。把化水的叶片去除，放在通风处，注意避免阳光直晒，适当喷雾保持土表湿润即可。

香草繁殖力强。香草叶片肥厚，叶插容易成活，繁殖力强。

景天科拟石莲花属

香草

之前一直称它为"香草比斯"，后来名字逐渐固化为香草，由劳尔和静夜杂交而来，喜欢凉爽、干燥、通风的环境和疏松透气的沙质土壤。夏季需要遮阴，闷热天气要注意通风，阴雨天气不要浇水，晴朗天气需傍晚或晚上浇水。香草繁殖能力比较强，容易群生，可以剪取侧芽繁殖，也可以叶插，成活率也比较高。

养肥上色秘诀：香草缺光容易徒长，叶片瘦弱，所以充足的日照是养肥和上色的前提。另外建议使用透气性强的颗粒土，并配合适当的控水，这样才能养出"体态丰腴""薄施粉黛"的香草。比较不耐寒，为了保险起见，还是在霜降节气之前，大概是每年的 10 月中旬，采取保温措施吧。

基本信息

推荐拼盆品种

蓝宝石

↔ 5~10 厘米

🌡 5~35℃

☀ 全日照

● 每月 2 次

🌱 叶插、砍头、播种

🌸 春末

肉友常见养护难题

@阿尔：刚上盆没两天的凌波仙子叶片化水，怎么办？

阿尔回复：是不是土壤太保水，不透气？如果土壤不够透水透气则根系不能呼吸，容易导致叶片化水。另外注意刚上盆的植株最好缓上两三天再浇水，或者先少量浇水。

一般状态的凌波仙子。生长季的凌波仙子叶色嫩绿，叶片较薄，叶缘稍有红边。

景天科拟石莲花属

凌波仙子

也被称为"026"。夏季时多为青绿色，秋冬季节叶缘会转变为粉色，叶边线变红，非常清晰，无晕染，叶表白霜亦变厚，看起来就像白衣飘飘的仙女。喜欢日照充足的环境，春秋生长迅速，可适当施肥，夏季短暂休眠，注意控水和遮阴，并保持良好的通风。光照不足或者浇水太频繁很容易造成徒长。凌波仙子的爆盆能力是出了名的，只要有茎秆必然会长上满满的侧芽。

养肥上色秘诀：秋冬寒凉季节，凌波仙子的叶尖、叶边都比较容易泛红。养肥的关键是掌握它的浇水周期，在它"渴"的时候再浇水，可令叶片逐渐饱满起来。当然前提是光照充足，如果光照不足，再控水也还是会徒长。阳光对多肉植物的生长非常重要。

浇水要谨慎

入夏前叶片半包拢的状态非常美，休眠后注意减少浇水，适当遮阴。入秋后叶片逐渐伸展时给水要小心，应逐渐增大浇水量，不能立刻大水浇灌。

基本信息

推荐拼盆品种

黑法师

↔ 2~4 厘米

🌡 5~35℃

☀ 全日照

💧 每月 3 次

— 播种、分株

🌸 春夏季节

肉友常见养护难题

@ 阿尔：图中这些枯叶可以清理掉吗？

阿尔回复：山地玫瑰休眠后，外围枯黄的叶片不要清理，这些枯叶可以保护里层的叶子。

山地玫瑰手捧花。山地玫瑰特别容易长侧芽，而且侧芽比较多，很容易形成捧花状。

景天科莲花掌属

山地玫瑰

叶片比较薄，翠绿色，生长期如盛开的玫瑰。夏季休眠明显，外围叶片枯萎，叶片紧包，如含苞的玫瑰，有"永不凋谢的绿玫瑰"之美称。山地玫瑰喜欢凉爽、干燥和阳光充足的环境，生长速度一般，容易从基部长出小芽。山地玫瑰开花后母株枝干会枯萎，通常大家认为是开花会死的品种，不过，如果有侧芽并不会影响侧芽的生长。

养肥上色秘诀：山地玫瑰一般为绿色，不会变色，夏季休眠叶片紧紧包裹，外围叶子大多枯黄，内层叶子颜色稍微变黄。夏季应注意加强通风，控制浇水，在通风、干燥、凉爽的环境中养护。避免烈日暴晒，更要避免淋雨，以免因闷热潮湿引起植株腐烂。需要注意的是，山地玫瑰即使处于深度休眠状态也不能完全断水，浇水量把握不好的话，可以采用浸盆的方式，稍在水中浸几秒，浸湿底部土壤就可以。

基本信息

推荐拼盆品种

蓝宝石

↔ 3~6 厘米

🌡 5~35℃

☀ 全日照

🌑 每月 4 次

▬ 叶插、分株

🏵 春夏季节

肉友常见养护难题

@阿尔：女雏长侧芽都挤变形了，想分株，这怎么操作啊？

阿尔回复：这侧芽还太小，不宜急着分株。如果非要分株的话，可以先将植株取出去土，清理根系，看看侧芽是否已有根系，若有根系的话可以分株，比较容易成活，如果是没有根系，还是等侧芽长大些再分株吧。侧芽过小会比较难成活。

景天科拟石莲花属
女雏

比较小型的石莲花品种，常见群生株，控水后一般向内聚拢，形成非常漂亮的莲座状。夏季一般为绿色，秋冬颜色会转变为粉红色或红色。配以疏松透气的沙质土壤，浇水见干见湿，放置在阳光充足且通风处就能很好的生长。成株非常容易群生，加之叶片密集，夏季的通风就显得尤为重要，另外还要防晒。

养肥上色秘诀：当女雏适应了所处的养护环境后，就能够在冬季呈现好的状态。春秋季节有 10℃ 左右的温差就能看到红边，再加上每天 4 小时以上的日照，粉嫩的颜色就会更多，还更鲜艳。如果光照强度比较大的话，颜色会更浓烈、妖艳。

单头女雏

单头女雏呈莲花形，直径在 4 厘米左右。

基本信息

推荐拼盆品种

紫罗兰女王

↔ 5~13 厘米

🌡 5~35℃

☀ 全日照

💧 每月 3 次

〰 分株

🌸 秋季

冰边是冰莓的特色
叶片的冰边是冰莓非常显著
的特色，也是辨识冰莓的一
个依据。

@ 阿尔: 冰莓买来半年了，没有长大，怎么办？

阿尔回复: 花盆和多肉的大小差不多了，应该是花盆限制了多肉的生长，可以在春季或秋季修根，重新换一个大一些的花盆。

景天科拟石莲花属

冰莓

　　是月影系常见的品种，生长速度快，容易群生，叶缘有半透明的冰边，生长点是扁扁的。喜欢干爽、阳光充足的环境，耐旱，较为耐寒。春秋季节上盆的话，湿土干栽，约 3 天后给少量水，再过大概一周可以浇透一次，之后植株生长点恢复生长，就可以正常养护了。冰莓非常容易群生，群生后要注意做好通风工作，剪下侧芽、摘取底部叶片等方法都可以达到通风的目的。

　　养肥上色秘诀: 春秋生长季，尽量多给水，促进根系生长；冬季可以慢慢减少浇水量并拉大浇水间隔，好状态慢慢就会呈现出来。大的浇水间隔可以让叶片更肥厚；冬季制造大温差，可让颜色更漂亮。气温低于 0℃ 有冻伤风险。

多肉越肥越美

基本信息

推荐拼盆品种

冰莓

↔ 5~12 厘米

🌡 5~35℃

☀ 全日照

💧 每月 4 次

🍃 叶插、砍头

🌺 春夏季节

肉友常见养护难题

@ 阿尔：新墨西哥雪球要开花了，担心花箭太短，可以施肥吗？

阿尔回复：一般情况下，只要阳光、水分充足，多肉开花时并不需要施肥也能长出比较长的花箭。如果要施肥，可以施用磷酸二氢钾，尽量少用。花箭开花后也可以剪下插入水瓶中继续欣赏，也避免了开花消耗过多的养分。

景天科拟石莲花属

新墨西哥雪球

　　新墨西哥雪球原产墨西哥，是月影系家族的一员。叶片比一般月影肥厚一些，叶心微扁，冰边不太明显，但有通透质感，容易群生。喜欢温暖干燥的环境，土壤要求透水透气，不积水。春秋可接受全日照。夏季注意遮阴，适当控水，但不能断水，保持空气流通也是十分必要的。冬季和春季是新墨西哥雪球出状态的季节，叶片会变成通透的淡紫色。新墨西哥雪球是比较容易繁殖的品种，叶插、砍头都容易成活。

　　养肥上色秘诀：月影系多肉大部分时候都是绿色的，新墨西哥雪球也不例外，只有等冬季来临，气温逐渐降低，它们才会呈现出不同的色彩。冬季室内养护的朋友，注意人工增大昼夜温差，夜晚气温维持在5~10℃之间。如果冬季气温不低于5℃，可以在室外养护，但应注意背风，防范突然来袭的寒流等。

基本信息

推荐拼盆品种

乙女心

↔ 3~5 厘米

🌡 5~35℃

☀ 全日照

💧 每月 3 次

🍃 叶插、砍头、分株

🌸 夏季

肉友常见养护难题

@ 阿尔: 图中这样的秀妍是服盆了吗？

阿尔回复: 叶片大部分呈红色, 叶心发绿, 这就是有了生长的迹象了, 可以逐渐接受日照了, 如果植株叶片一直这样饱满精神就是服盆了。

@ 阿尔: 为什么我的秀妍红是红, 却不鲜亮？

阿尔回复: 控水过度或光照强度太强都会让秀妍的颜色变成深红色, 但却没有通透感。露养的话可以想办法降低紫外线强度, 室内养可以缩短浇水间隔, 可使颜色鲜亮起来。

景天科拟石莲花属

秀妍

　　叶片为半圆形, 叶尖不明显, 排列成莲座形。习性比较强健, 喜欢温暖、干燥、阳光充足的环境, 非常耐旱。浇水见干见湿就可以, 对水分不是特别的敏感。除了夏季不能暴晒外, 其他季节都可以让阳光直射。缺光的话, 非常容易变绿, 叶片也会变薄, 所以, 一年四季都要让它接受充足的日照。秀妍生长速度一般, 繁殖能力较强, 容易长侧芽, 可以剪取侧芽繁殖。

　　养肥上色秘诀: 夏季叶片为绿色, 秋冬季节会像涂抹了一层胭脂一样红, 群生的植株观赏性更强, 像一捧盛开的玫瑰花。春秋两季生长比较快, 可以适当多浇水, 也可以施几次薄肥, 促进植株快速生长。夏季做好遮阴和通风工作就好了。冬季可以使劲晒太阳, 水要少浇。冬季生长缓慢, 浇水次数应减少, 浇水量也要减少。

基本信息

推荐拼盆品种

香草

↔ 5~10 厘米

🌡 5~35℃

☀ 全日照

💧 每月 4 次

🌿 叶插、分株、砍头

🌺 春夏季节

肉友常见养护难题

@ 阿尔: 这个是不是该换盆了?

阿尔回复: 厚叶月影看起来很健康,换不换盆看自己的喜好了。如果喜欢让植株再继续长大,可以选择在春季或秋季换一个大些的盆。不换盆的话,生长空间受限,植株生长速度会变慢,不过更容易养出好的状态。

景天科拟石莲花属

厚叶月影

厚叶月影顾名思义,叶片非常肥厚。叶片匙形,先端比基部肥厚很多,先端圆钝,但有像毛刺一样的叶尖,常年青绿色,叶表有薄薄的白霜。喜欢日照,春秋可全日照养护;耐旱,能够耐受较长时间的干旱;不耐寒,冬季低温谨防冻伤。夏季闷热天气要注意通风。是比较容易群生的品种,可选择比较大的侧芽分株繁殖,也可以砍头或叶插,叶插成功率也比较高。

养肥上色秘诀: 深秋等寒凉季节,增加日照时长可令叶片颜色逐渐变黄绿色或黄白色,叶片通透度也会提高。通透质感的形成,一定要避免强烈紫外线的照射,还需要适度的光照配合夜间较高的空气湿度。

雨水浇灌的厚叶月影
露养的厚叶月影经过雨水浇灌叶片会变得肥厚一些。

蓝松

菊科千里光属

养护难度 ●

- ↔ 5~10 厘米
- 🌡 5~35℃
- ☀ 全日照
- 💧 每月 4 次
- ➖ 分株、砍头

生长非常迅速，容易爆盆。充足的日照可令叶片生长充实、粗壮，根系粗壮发达，可选择较深较大的花盆栽培。盛夏高温，植株休眠，应控制浇水保持盆土稍干燥，并适当遮阴。繁殖以砍头、分株为主。

爱染锦

景天科莲花掌属

养护难度 ●●

- ↔ 5~10 厘米 🌡 5~35℃
- ☀ 全日照 💧 每月 3 次
- ➖ 分株、砍头

比较好养的斑锦品种。生长速度很快，枝干比较容易木质化，是冬型种多肉植物，夏季休眠，底部叶片会不停地干枯凋落。栽培土壤宜疏松透气，浇水见干见湿。繁殖以分株、砍头为好，成活率很高。

绒针

景天科青锁龙属

- ↔ 2~4 厘米 🌡 5~35℃
- ☀ 全日照 💧 每月 3 次 ➖ 分株、砍头

薄雪万年草

景天科景天属

养护难度 ●

- ↔ 3~5 厘米
- 🌡 5~35℃
- ☀ 全日照 💧 每月 4 次
- ➖ 砍头、分株

又称"矶小松"。极易生长，是与其他多肉植物混搭种植的首选。喜欢阳光充足和凉爽干燥的环境，适合使用排水透气性良好的土壤，休眠期不明显。平常以绿色为主，日照时间增加及温差巨大会使整株变为粉红色，并且株形也会保持得很漂亮。薄雪万年草非常容易繁殖，随手掐一段扔在花盆里就能迅速长成一片。生长季节多浇水很容易爆盆。

养护难度 ●

非常容易群生的中小型多肉品种。叶长卵圆形，绿色，表面有一层白色短茸毛。喜干燥、光照充足环境，耐干旱和半阴，怕积水，忌强光。夏季高温和冬季处半休眠状态时，盆土保持干燥。春秋两季可剪取枝条，插入微湿的土壤中，两三周即可生根。

小球玫瑰
景天科景天属

养护难度
● ● ● ● ●

↔ 1~2 厘米　🌡 5~35℃

☀ 全日照　💧 每月 5 次　🌱 砍头、分株

　　也叫"龙血景天"，是一种比较可爱的迷你多肉。植株低矮，茎秆细长，呈匍匐状生长。较易生新枝，易群生。叶片近似圆形，对生，叶缘呈波浪状，秋冬季节整株呈现出紫红色。夏季避免闷热潮湿的环境，盆土不干不浇。其他季节可以适当多浇水，繁殖能力如野草一般，能够迅速爆盆。

紫乐
景天科风车草属

养护难度
● ● ● ● ●

↔ 3~5 厘米　🌡 5~35℃

☀ 全日照　💧 每月 2 次　🌱 叶插、砍头、分株

　　也写作"紫悦"，是风车草属杂交的一个品种。叶片肥厚，叶缘圆弧状，有顿尖，呈莲座状水平排列，稍有白霜。性喜阳光充足、温暖、干燥、通风良好的生长环境。弱光环境下养护叶片呈浅粉或浅灰绿色，日照充足可使叶片肥厚、排列紧密且呈现出粉嫩的颜色。夏季酷热期需遮阴，适当减少浇水量，但不能断水。其他季节可最大限度地接受日照。冬季低温需要注意防冻害。繁殖能力很强，可叶插，也可以砍头或分株，成活率都很高。

旭鹤
景天科拟石莲花属

养护难度
● ● ● ● ●

↔ 5~8 厘米　🌡 5~35℃

☀ 全日照　💧 每月 4 次　🌱 叶插、砍头、分株

　　旭鹤为胧月的杂交品种，喜欢温暖干燥、阳光充足的环境，寒凉季节会变成粉红色，与初恋相似，但叶片稍厚一些，颜色偏暗，还容易长"血斑"（深红色不规则斑点）。属于夏型种，夏季正常生长，冬季低温休眠，春秋季节浇水可见干见湿，夏季浇水频率可高一些，冬季要减少浇水。

旭鹤大多是采用叶插繁殖，成活率很高。

基本信息

推荐拼盆品种

初恋

↔ 4~6 厘米

🌡 5~35℃

☀ 全日照

💧 每月 3 次

🍂 叶插、砍头、分株

🌸 冬季和春季

不要频繁换盆、换土
马库斯虽然好养，但是在养护的过程中不要频繁地换盆、换土，这会让它始终处于恢复期，很难有理想的状态。

合理养护的马库斯，叶片会变成通透的橙色，这并不是化水。

肉友常见养护难题

@阿尔：这样算是徒长吗？

阿尔回复：这棵中间部分是徒长的，叶片比较稀松，现在顶端已经开始变好了。继续维持现在的养护环境和浇水频率就可以了。

叶片晒伤的马库斯。夏季露养的马库斯叶片容易被晒伤。此时要遮挡一部分紫外线，防止晒伤。

景天科景天属 × 拟石莲花属

马库斯

　　马库斯非常好养，几乎不用特别照顾就能生长得很好。生长速度较快，易群生。马库斯习性强健，比较耐旱，浇水太勤会让茎秆徒长，株形不够紧凑，有失美观。尤其在春夏之间，马库斯稍不注意就会徒长，徒长后可以直接将底部叶片掰掉用来叶插。马库斯易掉叶，养护时注意不要碰掉叶片。如果碰掉了也没关系，可以用来叶插。叶插、砍头、分株的成活率都非常高，适合新人练手。

　　养肥上色秘诀：马库斯是比较容易上色的，在深秋、冬季、初春，无论是否露养，只要有充足的日照和适当控水都能养出状态。一般露养环境能很容易养出橙色的马库斯，但是大部分人养不出通透水嫩的质感，这就需要你想办法阻挡一部分紫外线，让阳光温柔地照射，才能养出通透的质感。

养护得当才能呈现粉色
只有在阳光充足、气温低且温差大的情况下，保持一定的空气湿度和适当的浇水，才能养出粉色的鲁氏石莲花。

基本信息

推荐拼盆品种

蓝石莲

↔ 5~15 厘米

🌡 5~35℃

☀ 全日照

💧 每月 4 次

🌿 叶插、砍头、分株

🌸 春夏季节

肉友常见养护难题

@ 阿尔：我的粉鲁怎么变成这种颜色了？

阿尔回复：所谓的"粉鲁"，其实就是粉色的鲁氏石莲花，只是对其状态的描述，并不是独立的品种。很多人的"粉鲁"最终都会养成和普通鲁氏石莲花一个样，那是因为养护环境和浇水等因素达不到上色的条件。所以说，多肉的好品相还是需要靠时间和经验的累积一点点养出来。

景天科拟石莲花属
鲁氏石莲花

　　鲁氏石莲花是一款便宜好养的多肉，而且出状态后的颜值丝毫不逊色于贵货。生长速度比较快，容易群生。喜欢疏松、透气的土壤和温暖、干燥的环境。春秋可适度施肥，浇水应见干见湿。夏季 35℃以上需要遮阴养护，并适当控水，加强通风。连续的阴雨天气需要遮雨，雨过天晴后避免阳光暴晒，否则很容易被晒伤。应放置在通风且背光的地方，等植株适应高温后，再逐渐接受较强的日照。

　　养肥上色秘诀：鲁氏石莲花地栽成株冠幅可长到10~15 厘米，用直径小一些的花盆栽种，容易控制株形，也容易养出好状态。增加日照时间能让叶片更紧凑，见干见湿地浇水可以让叶片更饱满。

夏季不要兜头浇水
夏季如果浇水时不小心溅到叶片上，要及时用卫生纸或棉签吸干水分，不然容易产生晒斑，影响美感。

基本信息

推荐拼盆品种

晚霞之舞

↔ 4~7 厘米

🌡 5~35℃

☀ 全日照

🌑 每月 3 次

━ 分株

🌸 春夏季节

肉友常见养护难题

@ 阿尔: 刚服盆的央金就长了花箭，要不要剪掉啊?

阿尔回复:多肉开花是需要消耗很多养分的，刚服盆的植株比较弱，开花会令植株更加羸弱，还是剪掉比较好。

景天科拟石莲花属
央金

　　央金是生长速度快、容易群生的品种。夏季一般叶子底色是绿色，边缘为红色，大红大绿搭配非常有生机。温差大的秋冬季节叶片上色部分逐渐增多，光照充足时整株会呈现出鲜红色或深红色，好像一团火焰一样。习性强健，对土壤要求不高，用任意你喜欢的颗粒土和腐殖土混合，比例大概1:1就好。春秋季节生长速度比较快，可以适当多浇水，但是夏季需要注意控制浇水量，并做好遮阴和通风工作。央金叶插成功率不高，但是比较容易群生，可以选取较大的侧芽进行分株繁殖。

　　养肥上色秘诀:如果日照不足，央金叶片会变得薄而窄，甚至叶面下垂，呈摊开状，没有立体感。这时候要想办法增加日照，再加上合理的控水，叶片会比较向内包拢，外形好看很多。央金的叶片较薄，出现缺水状况后，叶片容易萎缩、枯萎，所以控水力度要减小一些，不能让它过度消耗叶片。

长期控水后叶片更肥厚

妮可莎娜叶片本身不是特别肥厚，长期的适度控水可令叶片更加肥厚。

基本信息

推荐拼盆品种

拉姆雷特

↔ 3~6 厘米

🌡 5~35℃

☀ 全日照

💧 每月 2 次

🍃 叶插、砍头、分株

🖤 冬季和春季

肉友常见养护难题

@ 阿尔：茎秆长太长，头重脚轻，怎么办？

阿尔回复：养得时间比较长的妮可莎娜茎秆会越来越长，底部叶片消耗，顶部叶片多而沉重，很容易倒伏甚至"断头"。这时可利用木棒支撑并捆绑，或者重新栽种，将茎秆多埋入土中一些。也可以将上部砍头栽种，留着底部重新萌发新芽。

景天科拟石莲花属

妮可莎娜

妮可莎娜叶片有磨砂质感，叶片前端比基部宽大且肥厚，日常为绿色，温差增大的寒凉季节，外围叶片会变果冻黄色，叶缘有晕染的粉红色，非常清新。喜欢日照，养护环境应保持干燥、通风。春秋季节可半月浇水 1 次，夏季和冬季可以 1 个月浇水 1 次。繁殖方法很多，叶插、砍头、分株都可以，刚刚开花的花箭也可以剪下来扦插。

养肥上色秘诀：夏季遮阴后容易徒长，要适当控水，并加强通风，不然茎秆徒长会导致株形散乱，可利用木棒和丝线固定植株，使之维持良好的造型。想要得到结实挺拔的老桩，一定要从始至终控制好浇水，给予最充足的日照。

妮可莎娜叶插苗

健康的妮可莎娜叶片几乎百分百出芽出根，是非常容易叶插的品种。

基本信息

推荐拼盆品种

葡萄

↔ 5~8 厘米

🌡 5~35℃

☀ 全日照

💧 每月 3 次

🌿 叶插、砍头、分株

🌸 春夏季节

肉友常见养护难题

@ 阿尔：底部长了好几个小头，要不要清理底部叶片？

阿尔回复：一般这种情况是不用特殊处理的，小头自然生长就会将底部叶片逐渐消耗掉。如果想要腾出一些底部空间给小头生长，也可以试着摘除几片底部的叶片，注意别伤到小头。

景天科拟石莲花属

苯巴蒂斯

通常简称为"苯巴"，是大和锦和静夜的杂交品种，非常容易群生。叶片短匙状，肥厚，叶背有明显的棱，叶尖明显。叶片为浅绿色，状态变化也是比较大的，寒凉季节叶尖非常容易变红，温差大、日照充足时能够整株变成淡粉色。喜欢温暖、干燥、通风良好的环境，忌闷湿，不耐寒。对日照需求比较高，尽量多晒太阳，夏季也可以短时间接受日光直射；不喜欢潮湿的环境，浇水量要少，如果空气湿度高需要注意通风。可以多种方式繁殖，如叶插、砍头、分株，成活率比较高。

养肥上色秘诀：浇水应见干见湿，宁可让土壤干一些，也不要总是保持湿润，这样它的叶片才会更加肥厚。大比例的颗粒配土，浇水后水分蒸发比较快，土壤干湿交替快，有利于上色和增肥。越是低温和长日照，苯巴蒂斯的颜色就越漂亮。

特玉莲缀化的个性养护
夏季要弱光环境养护,除了夏季,其他季节都可以全日照养护,春秋可适当施肥。

基本信息

推荐拼盆品种

露娜莲

↔ 5~20 厘米

🌡 5~35℃

☀ 全日照

💧 每月 4 次

🌱 砍头

🌸 春夏季节

肉友常见养护难题

@ 阿尔：正常的特玉莲如何养成缀化的?

阿尔回复：缀化是植物生长点畸形变异的现象,它出现原因并不明确,现在没有百分之百有效的方法可以将正常的特玉莲养成缀化的形态。

正常状态的特玉莲。没有缀化的特玉莲叶形独特,从某个角度看叶先端像倒置的心形。

景天科拟石莲花属
特玉莲缀化

　　特玉莲的缀化形态,生长迅速,习性强健,喜欢凉爽、干燥、阳光充足的环境和排水良好的沙质土壤。叶片覆盖白霜,蓝绿色或灰绿色,冬季温差大、阳光充足的情况可出现淡粉色边缘。夏季需要遮阴,浇水量应适当减少,避免盆土积水。露养的不能长时间淋雨。

　　养肥上色秘诀：特玉莲缀化喜欢全日照,光照时间越长,叶片越短越肥厚,相反光照不足、浇水频繁会导致叶片松散且又瘦又长,两种品相相差甚远。春秋可适当施肥。秋冬季节的大温差,加上长时间的日照和合理控水,可使特玉莲呈现淡淡的粉红色边缘,株形也会紧凑美观很多。特玉莲粉白色的叶片养成,需要常年充足的日照环境和合理的养护,养得时间越久状态越容易保持。

基本信息

推荐拼盆品种

吉娃莲

↔ 5~20 厘米

🌡 5~35℃

☀ 全日照

💧 每月 3 次

🌿 砍头

🌸 春夏季节

绮罗颜色出众
无论什么季节，绮罗的颜色在多肉中都是非常出众的，夏季的绿色清新，秋冬等寒凉季节红色鲜亮，不妖艳。

肉友常见养护难题

@ 阿尔：绮罗缀化如何繁殖？

阿尔回复：缀化多肉用叶插繁殖不一定会长出缀化的形态，所以想要繁殖缀化的绮罗，只能用砍头的办法。选择有单独分枝且为缀化形态的部分砍头是比较好的，或者直接剪取扇子形的茎秆连带叶片的一部分扦插。

景天科拟石莲花属

绮罗缀化

　　绮罗缀化的形态非常普遍，价格也比较便宜。叶片较薄，光照不足或在夏季是翠绿色，其他季节光照充足，叶缘可转变为红色。翠绿色映衬着红色，非常显眼。缀化的生长速度比一般植物快，容易形成扇子形或扁片形的茎秆。绮罗缀化习性强健，对水分不是特别敏感，夏季和冬季稍微控水即可，非常容易养活。繁殖方式主要是砍头，剪取一部分茎秆，晾干伤口后插入湿润的土壤中，大概半个月就能生根。

　　养肥上色秘诀：绮罗缀化的颜色容易养出来，还非常容易保持。只要在阳光充足的地方养护，浇水见干见湿，春季、秋季、冬季都能看到绯红的颜色。冬季浇水后颜色会褪去一些，不过只要光照充足，颜色还会变红的。采用大比例的颗粒土配土，使盆土既能吸收水分又能快速干燥，并保持每天 4 小时以上的日照时长，可使绮罗缀化的颜色从 10 月份维持到第二年 6 月份。

基本信息

推荐拼盆品种

红宝石

↔ 5~20 厘米

🌡 5~35℃

☀ 全日照

💧 每月 4 次

🌿 砍头

🌸 春夏季节

充足的日照让缀化更美
充足的日照是高砂之翁缀化全年保持红色的重要因素。

肉友常见养护难题

@ 阿尔：高砂之翁缀化叶片大面积干枯，是怎么回事？

阿尔回复：有些叶子有晒斑，可能是晒干了。也有可能是被某种虫子吃的，叶片比较密集，建议清理枯叶，并仔细检查是否有毛毛虫。如果是晒伤了就移至阴凉处，如果有虫子就喷洒护花神溶液，仔细将叶片都喷洒到。每周1次，连续3次。

景天科拟石莲花属
高砂之翁缀化

高砂之翁的缀化形态，也被称为"红孔雀"。高砂之翁属于包菜系列的多肉，叶片宽大，叶缘呈波浪形卷曲，但缀化的高砂之翁叶片没有那么大，叶缘波浪卷曲不明显，缀化后叶片数目特别多，生长速度快，而老叶代谢也快，需要经常清理枯叶。习性强健，不喜大水大肥，忌高温、水湿，夏季高温有短暂休眠，应减少浇水。冬季低于5℃需要移至室内养护，户外养护的话需要保持盆土干燥。

养肥上色秘诀：高砂之翁缀化的叶色夏季为绿色，寒凉季节可变成红褐色。春秋生长期可以多浇水，土壤干透后浇透，夏季和冬季土壤干透后要少量给水。叶片较薄，不能控水时间太长，可以根据叶片是否发皱来判断是否要浇水。

正常状态的高砂之翁
没有缀化的高砂之翁叶片宽大，新叶叶缘卷曲。

玲珑小巧迷你型

多肉家族中有这么一类成员，身材小巧，不需要多大的空间就能用它们装饰出一片多肉花园。

基本信息

推荐拼盆品种

红爪

↔ 2~5 厘米

🌡 5~35℃

☀ 全日照

💧 每月 3 次

🌱 叶插、砍头、分株

🔴 冬季和春季

粉嫩的婴儿手指

昼夜温差大的时候，适当增加日照的时间并合理控水，就可以养出饱满、圆润、粉嫩的婴儿手指了。

138

肉友常见养护难题

@ 阿尔：夏季婴儿手指叶子都掉了，还剩这么个茎秆，还有希望吗？

阿尔回复：夏季高温，婴儿手指淋雨或者浇水比较多的话，可能会掉叶子。像这种情况，只有茎秆头上一点点小芽，希望不大。不过还是死马当活马医吧，放在阴凉通风的地方，避免淋雨、断水，看看过了夏季是否有新芽长出来吧。

景天科厚叶草属

婴儿手指

比较小型的多肉品种，叶片圆锥形，叶先端钝圆，叶尖不明显，表面覆盖白霜。习性强健，春秋两季浇水可干透浇透，夏季要注意遮阴，并减少浇水量，冬季尽可能多晒太阳并控水。叶片肥厚多汁比较好掰，也容易叶插，叶片在出根前应提高养护环境的空气湿度，以促进出根出芽。婴儿手指比较容易群生，可剪取侧芽扦插繁殖，更容易成活。

养肥上色秘诀：缺少光照，叶片会变灰蓝色，茎秆徒长，品相不佳，即使夏季遮阴也不可太过。春秋季节浇水见干见湿，有利于根系的生长；冬季开始严格控水加上适当的日照，可以令叶片更加饱满、圆润。南方的肉友不要为了追求好的颜色，而让婴儿手指在低于 5℃ 的户外环境中"锻炼"。多肉的抗寒能力并不强，只有少部分常年露养的老桩可能耐得住寒冷的考验，大部分植株会在这样严苛的环境中死亡。

虹之玉易掉叶子
叶柄连接点很小，容易掉
叶子，掉落的叶子可用来
叶插，非常容易成活。

基本信息

推荐拼盆品种

乙女心

↔ 2~5 厘米

🌡 5~35℃

☀ 全日照

💧 每月 4 次

🍃 叶插、砍头、分株

🌺 春夏季节

肉友常见养护难题

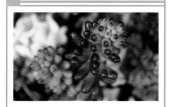

@ 阿尔：为什么我的虹之玉是这样的猪肝色？

阿尔回复：通常紫外线强烈的地方养出的虹之玉多是这种猪肝色，不过也有人可以将颜色养得更鲜活些。据我的经验，多肉植物的颜色除了和低温、温差有关，还跟空气湿度和紫外线强度有关，可试着从这两方面改善看看。

景天科景天属

虹之玉

别名"耳坠草""圣诞快乐"，株形小巧，叶片倒长卵圆形，直径不超过 5 厘米。喜温暖和阳光充足的环境，稍耐寒，怕水湿，耐干旱和强光。春夏是主要生长季，生长速度快，老桩容易长气根。夏季高温强光时，适当遮阴，肉质叶呈亮绿色。但遮阴时间不宜过长，否则茎秆柔嫩，易倒伏。

养肥上色秘诀：虹之玉在秋冬等寒凉季节会转变为鲜红色，叶片饱满发亮。所以在秋季可将虹之玉置于阳光充足处，尽量接受全日照。冬季室温维持在 10℃ 最好，减少浇水，盆土保持稍干燥，虹之玉的颜色可保持一整个冬季。

虹之玉的气根
虹之玉是非常容易长气根的品种，对植物正常生长没有太大影响，可以不去处理。

冬季不要放暖气旁
切忌把多肉放在暖气旁,温度过高会导致茎秆徒长,而且暖气的烘烤会使植株水分过度消耗,影响植株的美感。

基本信息

推荐拼盆品种

桃之卵

↔ 3~5 厘米

🌡 5~35℃

☀ 全日照

💧 每月 3 次

🍃 砍头、分株、叶插

🌺 春夏季节

肉友常见养护难题

@ 阿尔: 夏季蓝豆叶子总是皱巴巴的,怎么办?

阿尔回复: 如果气温过高,蓝豆就会休眠,可能会出现这样的情况。还有可能是长期缺水导致的,应缩短浇水间隔。

健康的蓝豆可适当淋雨。雨水浇灌后的土壤氮元素含量高,适当淋雨有利于植株的生长。

景天科风车草属

蓝豆

　　属于迷你型的多肉品种。蓝豆一般为蓝绿色或浅绿色,秋冬季节,阳光充足时,可晒成粉红色或橙粉色。蓝豆在春季容易徒长,不过秋季后还是会美回来的,还会萌发很多小芽。除了夏季高温时要适当遮阴外,其他时间都可以全日照。夏季和冬季少量给水,夏季休眠要注意通风,保持土壤干燥。虽然叶子很小,但是叶插成活率比较高,不过生长速度慢,建议新人选择砍头、分株,会比较容易繁殖。

　　养肥上色秘诀:充足的日照是养肥多肉的先决条件,每天 4 小时的日照是最低下限。春夏秋三季,适当养护后,冬季放在温暖向阳的地方,能够使昼夜温差达到最大,也能使日照更充足,这样的环境最容易养出粉嫩的颜色和紧凑的株形。北方的朋友在冬季可以让室内的夜间温度适当降低,以增大温差,可以让蓝豆更好地上色。

基本信息

推荐拼盆品种

蓝豆

↔ 3~5 厘米

🌡 5~35℃

☀ 全日照

💧 每月 4 次

🍃 砍头、分株、叶插

🔴 冬季和春季

肉友常见养护难题

@阿尔：绿豆叶片总是这么细长，怎么才能变得圆鼓鼓呢？

阿尔回复：绿豆的叶片跟蓝豆比是有些细长的，因为叶尖不是那么圆润，所以看起来不是肉乎乎的感觉。你这棵绿豆株形还不错，状态很好，没有徒长。只需要在这样稳定的环境里，适当延长浇水间隔，等土壤干燥后大水浇透，这样经过三四次浇水后，相信叶片会更饱满。

景天科风车草属

绿豆

与蓝豆一样是迷你型多肉，多年生老桩木质化后呈现褐色、红褐色，或直立或斜生或下垂。虽然绿豆比较容易养活，但是养护方式不当很容易造成植株干瘪、无生机，或者是茎秆徒长、匍匐生长。建议选择和植株大小相配的花盆栽种，不要使用过大过深的花盆。土壤疏松、透气，具有一定的保水性即可。浇水视植株底部叶片的饱满程度而定。叶插出根出芽率比较高，而且绿豆自然生长容易长侧芽，是爱爆盆的品种，可砍头，群生后可对其进行分株。

养肥上色秘诀：秋冬寒凉季节具备长日照和大温差的条件，绿豆可整株变橙粉色。为了更好地控制株形，更迅速地养出颜色，可以选择较小的花盆。秋冬季节尽可能多接受充足日照，叶色才会艳丽。日照太少则叶色浅，叶片排列松散。想要叶片更加肥厚，需要让盆土干燥的时间稍长一些，然后再彻底浇透一次。

基本信息

推荐拼盆品种

钱串

↔ 1 厘米

🌡 5~35℃

☀ 全日照

💧 每月 5 次

🌱 砍头、分株、叶插

🌸 冬季和春季

肉友常见养护难题

@ 阿尔：小米星茎秆木质化后，剪去了上面的部分，剩下这个还能活吗？

阿尔回复：这个有叶子，完全能够成活。半阴处养护，避免淋雨，前两周浇水应少次少量，之后可逐渐增加浇水频率。

小米星开花的样子。小米星一般在冬季或春季开花，花色白，星状，簇生，常常开满枝头，绚丽又不失清新。

景天科青锁龙属

小米星

迷你型多肉，叶片交互对生，卵圆状三角形，植株直立生长，生长迅速，容易产生分枝。光照不足是翠绿色的，光照充足，叶缘可变红，日照时间足够长叶面都可变红。光照强度不同，颜色会有很大的变化，不管是什么颜色都很漂亮，是强烈推荐给新人的品种。小米星的养护是非常简单的，只要光照充足，浇水早几天晚几天都没问题，相对喜水而又耐旱。唯一的问题就是，养护时间久的小米星底部茎秆木质化，加上土壤板结，叶片容易干瘪，没有生机。这时候可以换盆，或者剪除木质化的茎秆重新发根。

养肥上色秘诀：小米星出状态的秘诀就是充足的日照。只要阳光充足，小米星的状态就比较好，不会徒长，也不会特别绿。适当控水的话，几乎一年四季都能看到顶部新叶的红色。如果光照条件不足，浇水就要注意水量了。

彩色蜡笔

　　小米星的斑锦品种，性状稳定，已经是一个单独的品种，叶片边缘发白，出状态为粉红色，更加可爱一些。剪取枝条扦插繁殖，能够很好地保留斑锦性状。斑锦品种通常都比普通品种贵一些，彩色蜡笔的价格比小米星高出大概 5 倍。生长习性和小米星一样，选择疏松透气的土壤，见干见湿地浇水即可，生长速度稍慢于小米星。夏季高温注意遮阴，通风是很重要的。室内环境不够通风，浇水过多，都会造成茎秆细软，整体株形不紧凑，枝条容易东倒西歪。

Part5 养出高颜值多肉

143

十字星锦

　　又名"星乙女锦"，迷你型多肉，植株丛生，有分枝，叶片纤薄，交互对生，卵状三角形，无叶柄，基部连在一起，叶片两边有黄色和粉红色的锦。光照充足且温差较大时叶缘会变为红色。在晚秋和早春温差大的时候叶缘红色尤为明显。全年生长，无明显休眠期，喜欢阳光充足、温暖、干燥的环境，配土应疏松透气，并有较好的保水能力。春秋季节剪取一段健康枝条，插入微湿的沙土中，一两周可生根。

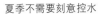
夏季不需要刻意控水

半球星乙女度夏不需要刻意控水，反而要保证盆土有一定的水分，否则容易造成叶片干瘪。

基本信息

推荐拼盆品种

小米星

↔ 2 厘米

🌡 5~35℃

☀ 全日照

💧 每月 5 次

🍃 砍头、分株、叶插

🌸 春夏季节

144

肉友常见养护难题

@ 阿尔：自己感觉这个养得不错，但是为啥枝条总是歪歪扭扭的?

阿尔回复：看叶片还是挺饱满的，只是叶片之间的缝隙有些大，稍微有点徒长。可适当控水，增加日照时长，长势会好一些。

景天科青锁龙属

半球星乙女

　　叶片无柄、无毛，两两对生，上下叶片相互垂直，叶正面平，背面圆润似半球形，黄绿色，叶缘红色，光照充足时叶正面可全红。半球星乙女喜光也耐半阴，比较喜水，浇水可适当勤一些，但不能积水。夏季也不必控水，盆土长时间的干燥状态，容易使植株茎秆木质化，养护不当容易死亡，可经常砍头繁殖小苗。如果茎秆木质化，植株吸水能力会比较弱，这时候要减少浇水量。如果出现叶片干瘪，浇水后没有恢复的情况，就需要检查根系是否有问题。

　　养肥上色秘诀：半球星乙女非常喜欢光照，光照不足容易徒长，茎秆细软，叶片稀松。长日照的环境能够令植株茎秆矮小粗壮，不易徒长。有 6 小时的日照时长，浇水可稍频繁些，这样叶片颜色会水嫩一些，控水太厉害，颜色会比较"干"。

休眠期过后的养护
春季结束休眠的子持莲华叶片会
舒展，此时要逐渐增加光照和浇
水量，叶子才能紧凑、圆润。

基本信息

推荐拼盆品种

姬秋丽

↔ 3~5 厘米

🌡 5~35℃

☀ 全日照

🌢 每月 4 次

🍂 砍头、分株

🌸 夏季和秋季

肉友常见养护难题

@阿尔：子持莲华好多叶片变粉
了，怎么回事？

阿尔回复：变粉的只是底部的叶
片，其余叶片的状态看起来很健
康，应该是正常代谢，或者即将进
入休眠期了。

夏季疯长的子持莲华。子持莲
华的爆盆能力特别强，夏季大
水浇灌下会生出许多侧芽，生
长速度惊人。

景天科瓦松属
子持莲华

一种非常小巧可爱的多肉品种，常年灰蓝色，每
个人养出的颜色稍有差异。秋冬季节低温休眠，叶片
会包起来，外围叶片枯萎，非常好看，春季气温回升
后叶片会渐渐舒展开。喜温暖、干燥和阳光充足的环
境。不耐寒，冬季养护温度应不低于 5℃。栽培的土
壤腐殖质多一些会生长得比较强壮。对水分不敏感，
只要盆土不长时间积水就可以。夏季是生长期，生长
速度很快，还会生出许多侧芽。子持莲华主头开花后
会死亡，但不影响侧芽生长。

养肥上色秘诀：非常好养的品种，比较喜欢大水，
夏季会疯狂长侧芽，也可以大水浇灌，需要适当遮阴。
浇水间隔略大，株形会更紧致。冬季低温休眠后要减
少浇水，外围叶片会逐渐干枯，内层叶片紧包，这是
休眠的明显特征。瓦松属的多肉植物开花后母株会死
亡，所以春秋多繁殖小苗吧。

基本信息

推荐拼盆品种

子持白莲

↔ 2~5 厘米

🌡 5~35℃

☀ 全日照

💧 每月 5 次

🌱 叶插、砍头、分株

🌸 春夏季节

146

肉友常见养护难题

@ 阿尔: 这棵是圆叶罗西玛吗，怎么养?

阿尔回复: 很显然不是，首先叶片不是圆形，而且这个叶片厚度明显比圆叶罗西玛厚，还有圆叶罗西玛不会全株都变红，只有叶缘和叶背部分红色。不过这个也是罗西玛的一种，养护方法和圆叶罗西玛基本相同。春秋尽量全日照，浇水见干见湿。夏季需要遮阴，避免长时间淋雨，室内养护需注意通风。冬季气温低于 5℃ 需要采取保暖措施。

景天科拟石莲花属

圆叶罗西玛

　　罗西玛的变种非常多，且极为相似，圆叶罗西玛是较为被大众熟知的一种。此品种生长季为绿色，秋冬寒凉季节，日照充足，叶缘和叶背可转变为深红色。春秋两季为生长季，生长速度不快。夏季高温需要遮阴，并且减少浇水量，保持盆土底部稍微湿润。千万不要大水浇，否则容易烂根。土壤最好颗粒土偏多一些。主要靠剪切侧芽繁殖，叶插也比较容易成功。

　　养肥上色秘诀: 多晒、控水，是养出颜色的两大主要因素。圆叶罗西玛耐旱，可加大控水力度。是否继续控水可以从叶片的聚拢程度来判断。叶片向内聚拢，底部叶片枯萎，大部分叶片开始变软，这时候就不能再控水了。浇水过夜后，叶片能够迅速饱满起来说明控水力度还是比较合适的。

基本信息

推荐拼盆品种

乙女心

↔ 2~5 厘米

🌡 5~35℃

☀ 全日照

💧 每月 3 次

✂ 砍头、分株

🌸 春季

肉友常见养护难题

@ 阿尔：据说信东尼开花会死，就剪了花箭，剪成这样行吗？

阿尔回复：很多人听说"多肉开花会死"，都担心自己的多肉开花会死，其实这只是个误会。大部分多肉开花是不会死的。所以不剪掉花箭也不会死，剪成这样也可以。

露养的信东尼。阳光充足的室外露养，信东尼叶色翠绿，茸毛密集有光泽。

景天科景天属
信东尼

　　又叫"毛叶兰景天"，为景天科多肉中的小型品种。叶片覆盖白色茸毛，无叶尖，常年绿色。信东尼喜全日照，耐干旱，高温多湿环境下抵抗力变弱，怕强光暴晒。夏季光照过强时还要遮阴，并严格控水。喜欢凉爽的气候，非常怕热，所以在春季、秋季的养护很简单，见干见湿地浇水就可以，但是到了夏季就要特别注意。最适宜的度夏环境是通风凉爽，而且培养土疏松、排水良好。夏季超 35℃ 深度休眠，冬季低于 5℃ 浅休眠，也要减少浇水。叶插难度较大，经常用砍头、分株的方法繁殖。

　　养肥上色秘诀：带有茸毛的多肉品种，叶片最容易脏，尤其是室外露养的，所以必须勤加清理叶片灰尘、蛛丝、柳絮等脏物，这样才能有一个"清秀的容颜"。想要养肥信东尼还是需要适当控水，但不宜使盆土长期干燥，一般 15~28℃ 时，10 天左右浇水一次。

基本信息

推荐拼盆品种

巧克力方砖

↔ 2~5 厘米

🌡 5~30℃

☀ 全日照

💧 每月 3 次

🌱 叶插、砍头、分株

🌸 春夏季节

蓝宝石名副其实
蓝宝石的叶形和叶边纹路看起来几何感很强，就好像切割过的宝石一样。

肉友常见养护难题

@ 阿尔: 蓝宝石叶插小苗总养不大，该怎么养呢?

阿尔回复: 叶插最好选在秋季进行，气温正适合，而且秋季可以室内养护，比较容易过冬，等到炎热的夏季来临，小苗已经养壮了很多。

蓝宝石叶子出根出芽应该都容易，关键是小苗期的养护，注意土壤保水性要好，浇水用喷雾，少量喷，保持土表湿润即可。在早春、深秋和整个冬季可以晒一整天的太阳，其他时候要避免上午 10 点至下午 5 点的阳光直射。

景天科拟石莲花属

蓝宝石

　　成株冠幅约 5 厘米，易群生。习性较为强健，喜欢温暖干燥的环境，怕闷热，夏季应注意通风和控水，温度超过 30℃建议遮阴养护。如果水浇多了，徒长，可以砍头后重新塑形。平时也可以摘叶子，叶插繁殖，成活率也不错。

　　养肥上色秘诀: 一般蓝宝石叶片为蓝绿色，秋冬等寒凉季节，接受长日照，并且让盆土经常处于干燥状态，叶片就会变紫红色了。如果室内养护的话，日照强度比较弱，会出现大图这样粉嫩的颜色。除了白天尽量接受日照外，夜晚的低温也很重要。北方冬季室内养护，夜间气温不可过高，否则上色会非常缓慢。为了保持株形，就要多控水，尽量避免造成盆土高温高湿的环境。

基本信息

推荐拼盆品种

熊童子

↔ 2~4 厘米

🌡 5~35℃

☀ 全日照

💧 每月 5 次

✂ 砍头、分株

🌸 春夏季节

多年生植株浇水需谨慎
多年生长或者控水比较严格的达摩福娘茎秆呈现木质化，浇水需谨慎。

达摩福娘养好了会有橙红色的边线，叶片颜色也是清新的嫩黄色。

肉友常见养护难题

@阿尔：达摩福娘新长出的叶片长了白霜，是什么病？

阿尔回复：这不是病，达摩福娘叶片本身就有一些白霜，露养的情况下老叶的白霜基本保留不住，新叶的白霜就比较明显，尤其是冬季室内养护时，白霜更多。

达摩福娘的花朵。达摩福娘开花是从枝条顶部伸出花茎，一枝花茎只开一两朵较大的红色花朵，钟形，像小灯笼一样挂在枝头。

景天科银波锦属

达摩福娘

玲珑小巧的品种，容易群生，叶片是椭圆形，叶片先端比较尖。叶片大部分时候是嫩绿色，光照充足的寒凉季节可变成嫩黄绿色，叶片边缘也比较红。茎秆比较细，不能直立生长，多年生植株可垂吊生长。对光照需求相对较少，喜欢凉爽通风的生长环境。夏季高温需要遮阴，浇水量也要适当减少，并注意通风。气温特别高的天气可用电风扇或空调降温。主要靠扦插健康的枝条繁殖。

养肥上色秘诀：达摩福娘是相对喜水的品种，生长速度又非常快，所以茎秆特别容易长长，想要保持比较紧凑的株形就必须想办法增加日照时间。冬季可以悬挂到比较高的位置，这样接受日照的时间也会稍有增加。无论是调整配土还是增加环境通风，做到使盆土浇水后能迅速干燥，有利于根系的生长，在此基础上合理控水可令叶片更加圆润。

春之奇迹
景天科景天属

养护难度
● ● ○ ○ ○

↔ 3 厘米

🌡 5~35℃

☀ 全日照

💧 每月 4 次

🍃 叶插、砍头、分株

　　又称"薄毛万年草"，生长速度快，生命力顽强。它在春季时最美，叶片向内聚拢，形成玫瑰花形。到了夏季就完全变了，茎秆迅速增长，叶片变稀松。一年四季都要少水，即便这样还是很难控制茎秆的徒长。

新玉缀
景天科景天属

养护难度
● ● ○ ○ ○

↔ 3 厘米

🌡 5~35℃

☀ 全日照　💧 每月 5 次

🍃 叶插、砍头、分株

　　新玉缀喜欢温暖、干燥、阳光充足的环境，冬季温差大，叶片会染上一层嫩黄色，略带粉色。夏季遮阴、通风好的话也可以干透浇透。叶片容易掉，可用来叶插，成功率高，还可以剪取一段枝条扦插繁殖。

黄金万年草
景天科景天属

养护难度
● ○ ○ ○ ○

↔ 2~4 厘米　🌡 5~35℃

☀ 全日照　💧 每月 5 次　🍃 砍头、分株

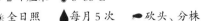

　　和常见的多肉植物不同，它的茎叶小而薄，容易群生，就像肆意生长的野草。一般状态是绿色的，阳光充足的养护条件可令其转变为金黄色，无论是单独栽种，还是作为其他多肉植物的护盆草，都是非常漂亮的。剪取一段茎叶铺在疏松透气的土壤上即可成活，可以勤喷雾，很快就能茁壮起来。

姬星美人
景天科景天属

养护难度
● ○ ○ ○ ○

↔ 1 厘米

🌡 5~35℃

☀ 全日照　💧 每月 5 次

🍃 砍头、分株

　　非常迷你的小型多肉，叶片两两对生，常年蓝绿色，易群生，常被用来做护盆草，与其他多肉拼种在一个盆内。非常好养，只要阳光充足就能生长得很好，半阴环境养护容易徒长，但不会死。浇水要看自己的环境，对水分不太敏感，如果想要株形紧凑还是要见干见湿地浇水。但是姬星美人耐旱能力较弱，浇水频率比一般多肉要高。

150

旋叶姬星美人

景天科景天属

养护难度 ●○○○

↔ 2 厘米　🌡 5~35℃

☀ 全日照　💧 每月 5 次　✂ 砍头、分株

　　旋叶姬星美人的名字很好地诠释了它的特点，叶片呈螺旋形排列。叶片细长，常年蓝绿色，阳光充足的环境会养出一点蓝紫色。养护方法也很简单，疏松透气的土壤配合见干见湿地浇水，就能养得很好。繁殖主要是扦插，剪取的枝条轻轻插入土中，或者薄薄地覆上一层泥炭土，阴凉通风处养护很快就能生根。

五十铃玉

番杏科棒叶花属

养护难度 ●○○○

↔ 3~5 厘米　🌡 5~35℃

☀ 全日照　💧 每月 3 次

✂ 分株

　　植株密集群生。叶片对生，呈棍棒形，叶长两三厘米，直立生长，但光线不足时，会出现叶片倒伏现象。叶片灰绿色，顶端饱满，扁平，稍呈圆凸状，透明。夏秋季开花，花朵金黄色，花径 3~7 厘米。冬季室温若保持 14℃ 以上，植株仍可正常生长。

浇水需观察窗面
五十铃玉浇水可通过"窗"来判断。如果窗面饱满就不用浇水，如果窗面干瘪就需要浇水了。

灯泡

番杏科肉锥花属

养护难度 ●○○○

↔ 2~4 厘米　🌡 5~35℃

☀ 全日照　💧 每月 4 次　✂ 播种

　　名字非常形象，外形呈半球形，直射光线下，植株整体呈半透明状，酷似灯泡。生长习性特别，一般秋季生长，冬季和春季在内部孕育新植株，夏季休眠时外部表皮会干枯，虽然不美观，但可以保护植株免受强光伤害，不要人为剥去。花期在春季和秋季，一般花朵在阳光充足的白天开放，若遇到连续阴雨天，则很难开花。

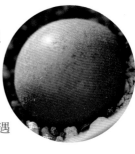

基本信息

推荐拼盆品种

黄丽

↔ 1 厘米

🌡 5~35℃

☀ 全日照

💧 每月 5 次

🌱 砍头、分株

🌸 春夏季节

不用颗粒土铺面
大姬星美人多匍匐生长，茎秆会生出新根，扎入土壤，因此，最好不要用颗粒土铺面，以免影响根系入土。

肉友常见养护难题

@ 阿尔： 大姬星美人总是绿色，怎么变紫色呢？

阿尔回复：大姬星美人只有在冬季温度低，昼夜温差大的情况下才会变成紫红色。除此之外，还要有充足的日照。北方室内大概 10 天左右浇水一次，可保持不褪色。

景天科景天属

大姬星美人

　　和姬星美人类似，属于迷你型多肉，但比姬星美人稍大一些。一般情况下，叶片为蓝绿色，休眠期会转变为粉色和蓝紫色。植株茎秆细软，易匍匐，生长速度极快，相对比较喜水，也比较能耐寒。疏松、肥沃、排水良好的土壤最适合养它们。浇水也要注意保持盆土适度干燥，否则叶片会比较稀松。主要靠扦插枝条繁殖：掐几段枝条，逐一插入疏松的土壤中，或者直接放在土壤表面，然后略微覆盖一层细腻的沙土，放在半阴环境下养护，每隔三四天喷一次水，保持土表湿润即可。

　　养肥上色秘诀： 大姬星美人浇水勤很容易爆盆，但是叶片会比较稀松，所以，想要紧凑密集的话还是要适当控制浇水量。多晒太阳也是保持好状态的秘诀。保证每天 4 小时以上的日照，大姬星美人可以长得郁郁葱葱。

基本信息

推荐拼盆品种

蓝宝石

↔ 3~5 厘米

🌡 5~35℃

☀ 全日照

💧 每月 4 次

🍃 叶插、砍头、分株

🌸 春夏季节

肉友常见养护难题

@ 阿尔：子持白莲的茎秆呈黑褐色，是很硬的，是怎么回事？

阿尔回复：黑色茎秆还是硬的，这就是木质化的表现。木质化的茎秆对水分比较敏感，所以浇水要少，土壤不能长期保持湿润，否则茎秆会被沤烂。

拇指盆栽种的子持白莲。拇指盆养的子持白莲不容易徒长，很长时间都不会长大。

景天科拟石莲花属

子持白莲

　　小巧可爱的石莲花，春季容易长侧芽，一般侧芽的茎会伸得很长，好像许多手臂伸出来一样。喜欢阳光充足、干燥、通风的环境，适合栽种在疏松、透气并且排水良好的土壤中。春秋尽量全日照，夏季短暂休眠要遮阴，冬季养护环境尽量保持不低于5℃。繁殖能力也特别强，侧芽剪下来，插入湿润的土壤中，一个星期左右就会生根继续生长。叶片扔到土壤表面，半阴养护很快就会出根出芽。另外也可以选择砍头，基座会生出更多的小芽来。

　　养肥上色秘诀：经过春夏的生长，子持白莲肯定会长出很多的侧芽，可能会变得非常杂乱，这时候就需要进行必要的修剪，顺带还能繁殖更多的小苗。如果不想让小芽的"手臂"伸长，就要给它长时间的日照，然后注意通风和控水。侧芽的茎秆伸出并不是徒长，这是子持白莲的特性。

基本信息

推荐拼盆品种

劳埃德

↔ 3~8 厘米

🌡 5~35℃

☀ 全日照

⬤ 每月 3 次

🍃 砍头、分株

🌸 春夏季节

154

肉友常见养护难题

@ 阿尔: 蓝姬莲总是皱巴巴, 浇水也不见好转, 怎么回事?

阿尔回复: 如果是新栽种的, 就是还没服盆, 根系没有完全恢复吸水功能。需要在阴凉通风处多养护几天, 等有生长迹象再晒太阳。如果已经栽种很久了, 可能是土壤板结, 浇水后土壤不能吸收水导致的, 应换土。

蓝姬莲生长期状态。生长期的蓝姬莲是淡蓝色的, 叶片较长, 叶表白霜较明显, 红边不明显。

景天科拟石莲花属
蓝姬莲

姬莲是一个系列的多肉的统称, 特点是株形迷你。蓝姬莲是姬莲家族中较为常见的一个品种, 也称为"若桃", 株形小巧紧凑, 叶形精致, 易群生。蓝姬莲的叶色变化比较多, 缺光或生长期为淡蓝色, 表面有一层白霜, 秋冬等寒凉季节可转变为粉蓝色甚至橙粉色。春秋是姬莲的主要生长期, 需要充足的光照, 光照不足叶片容易变薄变长, 株形松散。浇水遵循见干见湿的原则, 避免盆土积水。冬季低温应减少浇水, 保持盆土干燥。

养肥上色秘诀: 蓝姬莲的养护其实也很简单, 春秋可适当施用薄肥, 夏季高温注意遮阴, 忌高温湿热。春、秋、冬三季给予长时间的日照, 合理控制浇水频率, 等到底部叶片有褶皱后再浇水, 可使叶片肥厚起来, 株形更紧凑, 颜色更鲜艳。

基本信息

推荐拼盆品种

苯巴蒂斯

↔ 5~12 厘米

🌡 5~35℃

☀ 全日照

💧 每月 4 次

🍃 叶插、砍头、分株

🌸 春夏季节

肉友常见养护难题

@阿尔：劳埃德的叶片忽然掉了很多，清理掉了，这茎秆没问题吧？

阿尔回复：目测茎秆是健康的，你可以再仔细查看下是否有发软、发黑的茎秆。发现后应及时砍头，挖去黑色的部分。如果没有，那可能只是天气太热、不通风引起的。

景天科拟石莲花属

劳埃德

　　同为姬莲家族成员之一，外形小巧精致，非常受大家的喜爱。植株冠幅比蓝姬莲略小，生长速度较慢，容易群生。喜欢温暖、干燥的环境，对土壤的透气性要求较高，对水分较为敏感，特别是夏季高温天气，一定要注意宁干勿湿。劳埃德不耐寒，冬季低于5℃需要采取保暖措施，或者搬入室内阳光照射充足的地方养护。

　　养肥上色秘诀：一般情况下，劳埃德的叶片比较扁，淡蓝色，只有具备了充足的日照、良好的空气流通、较大的昼夜温差和较高的空气湿度等条件，劳埃德的叶片才会在秋冬季节呈现出肥厚饱满的状态和美丽的颜色。

基本信息

推荐拼盆品种

香草

↔ 1~4 厘米

🌡 5~35℃

☀ 全日照

💧 每月 4 次

🌱 叶插、砍头、分株

🌸 春夏季节

肉友常见养护难题

@ 阿尔：网购买回来的静夜太小了，也就 1 厘米，这样栽种上能养活吗？

阿尔回复：建议新人还是买大一些的比较容易养活。网购注意看描述的尺寸。这个品相还是不错的，铺面的白色小石子不透气，还是换了吧，最好用火山岩或麦饭石。前期养护最好在 18~25℃ 的半阴环境中，每周浇水一次。等看到有新叶长出时，可逐渐接受日照，但要避开中午时段比较强烈的日照。等三四周植株比较健壮后，可视情况增加日照时长，但还是要小心强烈的日照。

景天科拟石莲花属
静夜

经典品种之一，体型较小，颜色清新，深受大家喜爱。比较喜欢日照，缺光容易徒长，茎秆拔高，品相难看。寒凉季节，适当控水还会变成红尖的"小包子"，非常萌。静夜的浇水间隔可以相对短一些，但每次浇水量要少，切忌大水。浇水如果不小心浇到叶心，应用气吹吹干或者用卫生纸吸干，以免叶心积水腐烂。静夜非常怕湿热，尤其夏季容易黑腐，应放置在通风好的位置，并严格控水。叶插比较容易成活，但小苗养护不易，砍头繁殖更容易长大。

养肥上色秘诀：静夜是比较娇贵的品种，养护需要多下点功夫。虽然喜欢日照，但是夏季的强烈日照还是需要遮阴，并且静夜相比其他品种更不耐晒，应提早进行遮阴或者提前搬至阴凉处养护，切忌暴晒，暴晒很可能会直接晒死。大比例的颗粒土养殖加上严格的控水会令叶片紧包，形态可爱呆萌。全年应注意通风，可降低徒长概率。

基本信息

推荐拼盆品种

鲁氏石莲花

↔ 3~6 厘米

🌡 5~35℃

☀ 全日照

💧 每月 4 次

🌱 叶插、砍头、分株

🌸 春夏季节

肉友常见养护难题

@阿尔：甘草船长这样的状态可以浇水了吗？

阿尔回复：底部叶片发皱，可以给水了。浇水后应注意观察叶片是否能在一夜间恢复饱满。如果变饱满了，说明根系健康；如果一天一夜才变饱满，说明控水力度有点大了；如果两天内还不饱满，说明控水太过，致使部分根系受损。

景天科拟石莲花属

甘草船长

　　静夜的杂交品种，体型比静夜稍大，出状态后不仅仅是叶尖红，而是整个叶片先端边缘都会红。叶片紧包的状态能看到叶缘和叶背红线组成的"T"。如果没有状态的甘草船长和静夜放在一起，几乎很难分辨，所以买甘草船长还是买有状态的，不然容易买错。甘草船长的习性和静夜类似，喜欢疏松透气的沙质土壤，浇水量要少，大部分时候需保持盆土稍微干燥。夏季高温时休眠，应减少浇水，宁干勿湿。

　　养肥上色秘诀：颗粒比例高的土壤透水透气，有利于根系的生长。夏季高温，应注意通风、遮阴，并减少浇水量。秋冬季节严格控水，等底部叶片有褶皱后再浇水，可令叶片更加饱满。冬季养肥的甘草船长称得上是"巨萌"，红边配合"小包子"的造型十分惹人爱。

基本信息

推荐拼盆品种

桃之卵

↔ 2~5 厘米

🌡 5~35℃

☀ 全日照

💧 每月 3 次

🍃 叶插、扦插

🌸 春夏季节

肉友常见养护难题

@ 阿尔：养了几天的先锋派叶心开始变绿了，怎么办？

阿尔回复：这种情况是正常的，说明服盆了，开始生长了。通常在春末夏初，先锋派的颜色会逐渐变绿。如果是入秋时，则可以通过增加日照时长来让叶片保持较红的颜色。

叶表霜粉不明显。虽然先锋派是雪莲的后代，但是它没有继承白霜的特性，叶表几乎无霜粉。

景天科风车草属 × 拟石莲花属

先锋派

先锋派是桃之卵和雪莲杂交的后代，算是最近两年比较新的杂交品种。先锋派出状态是浅红色的，叶片有些颗粒感。一般情况下，叶片卵圆形，较为肥厚，呈莲花座形排列。经过长时间控养的植株，叶片紧凑，株形小巧。习性强健，喜欢温暖干燥的环境，露养时间长的话，能够接受全日照。栽培土壤宜选用通气透水且有一定保水能力的，浇水大部分时候需要见干见湿，夏季和冬季应保持盆土稍微干燥，浇水间隔可适当拉长。

养肥上色秘诀：春秋是生长期，主要养根，可露养，每日保证 4 小时以上光照；刚开始露养期浇水和晒太阳应循序渐进，逐渐增加浇水量和日照时长。夏季高温应注意遮阴，避免暴晒和淋雨，控水到夏末秋初后，逐渐恢复正常给水。等到冬季再开始控水，就能将先锋派养得圆嘟嘟、红扑扑了。

价格逐渐亲民

可爱玫瑰在刚刚上市销售时的价格一度高达三四百，好在现在价格逐渐亲民，十几元就能买到了。

基本信息

推荐拼盆品种

粉月影

↔ 3~5 厘米

🌡 5~35℃

☀ 全日照

💧 每月 4 次

🌿 叶插、砍头、分株

🌸 春夏季节

肉友常见养护难题

@ 阿尔：冬季上盆的可爱玫瑰需要注意什么？

阿尔回复：没有暖气供应的地区需要在室内向阳处养护，并注意增加夜间的温度。有暖气的地区，最好不要放温度过高的房间，否则浇水后很容易徒长，可以放在封闭的南向阳台内，并在温暖的天气开窗通风。

@ 阿尔：可爱玫瑰都有哪些繁殖方式？

阿尔回复：可爱玫瑰的繁殖可选择叶插或者砍头、分株的方式。叶插出芽概率还是很高的，而且二次叶插（第一次叶插成功后，如果母叶没有化水，可摘下来再次叶插）的成功率也比较大。砍头、分株是很方便操作的，尤其徒长之后。

景天科拟石莲花属

可爱玫瑰

2016 年月影系杂交新品种，叶心的生长点明显是扁的。一般情况下为绿色，秋冬寒凉季节可转变为粉色，叶片紧包，是名副其实的"粉玫瑰"。生长速度中等，易徒长，喜欢温暖干燥的环境。土壤选择应根据当地气候来定，干燥少雨的地区可选用颗粒与腐殖土为 3:2 的配比；湿热多雨的地区可选用纯颗粒配土。夏季湿热的天气，应注意短时断水，增加空气流通。

养肥上色秘诀：可爱玫瑰想要养出状态还是比较困难的，大部分是养出叶边带点粉色的程度。想要整株变粉，至少需要完整经历一年四季才行。就是说，按照春秋浇水见干见湿以养根、夏季宁干勿湿以保命、冬季大晒少水的方法养护一年，才能在深冬或是第二年早春得到粉嫩的可爱玫瑰。

威武霸气的大个子

多肉植物中也有大型品种，虽然我们平常见到的大型品种形态是 10~15 厘米的，但如果用很大的盆器或直接栽种在院子里，它们就能充分展现出自己威武霸气的本色了。

基本信息

推荐拼盆品种

罗密欧

↔ 15~25 厘米

🌡 5~35℃

☀ 全日照

💧 每月 4 次

🌱 播种

🌸 春夏季节

肉友常见养护难题

@ 阿尔：我养的乌木为啥只有叶尖一点点黑色呢？

阿尔回复：想要有黑色的叶边，就需要充足的日照，夏季避免暴晒即可。另外，乌木是否能养出乌黑的边线，还在于自身的"血统"是否纯正。乌木的杂交品种边线没有那么重的颜色。

判断乌木的品相。可通过底色和叶边边线的颜色来判断的，底色越通透，边线越黑或越紫红，则品相越好。

景天科拟石莲花属
乌木

乌木是拟石莲花属中比较独特的一类多肉，给人的感觉不是"萌"，而是充满阳刚之气，乌木的各种杂交也都继承了这种"霸气"。乌木成株很容易长到 10 厘米，所以花盆要选择 10 厘米以上的。乌木非常喜欢光照，日照越充足，叶缘颜色越深。春秋生长季可保持盆土稍微湿润，冬季比较能够耐受低温，3℃以上可以安全过冬。乌木的繁殖能力较弱，这也是其价格居高不下的一个原因。乌木生长速度极慢，很多人不舍得掰叶片，而且叶插成功率较低，另外乌木本身滋生侧芽比较困难，所以乌木的繁殖是比较困难的。一般采用播种繁殖。

养肥上色秘诀：露养的乌木在阳光下叶片底色为青绿色，边缘呈乌黑色，可能出现血斑，叶片硬朗、壮硕，非常霸气。室内隔着玻璃养，光线不是特别强烈，再加上比较大的温差和低温潮湿的环境，叶片底色为黄绿色，叶缘呈亮红色，有不一样的美。

价格比乌木低很多
玛利亚出状态的品相不
输乌木,但价格却比乌木
便宜很多。

基本信息

推荐拼盆品种

玉杯东云

↔ 15~25 厘米

🌡 5~35℃

☀ 全日照

💧 每月 4 次

🌱 叶插、砍头

🌸 春夏季节

肉友常见养护难题

@阿尔: 玛利亚生长缓慢,状态
没变化,是怎么回事?

阿尔回复:一般控养的多肉生长
速度都会比较慢,品相更容易保
持。你这棵玛利亚可能是因为长
期大晒、少水养造成的状态比
较稳定,而生长速度慢。

景天科拟石莲花属
玛利亚

　　乌木的杂交品种,叶尖明显,秋冬季节可变红。
叶色比乌木颜色淡且通透感更强。习性强健,喜欢日
照充足、温暖、干燥的通风环境,土壤疏松透气、排水
良好即可。新栽种的玛利亚不能接受强烈的日照,否
则会使老叶迅速枯萎,叶片数量减少。浇水量在春秋
可以适当多一些。夏季高温和冬季低温短暂休眠,浇
水要少,但始终不能完全断水。冬季气温低于 5℃需
要采取保暖措施,北方冬季可以养护在封闭、无暖气
的阳台。

　　养肥上色秘诀:玛利亚如果想养肥一些,需要在
秋冬季节控水,并保持充足的日照,在此基础上可适
当施用缓释肥。另外,在冬季的管理上,露养应注意
放在阳光能够照射到的背风处,并保持盆土干燥;室
内养护应注意适当通风,避免冷风直吹,也要远离暖
气,夜间气温不可过高。这样才能有比较好的状态。

蜡质感明显

玉杯东云叶片宽厚，蜡质感十分明显，出状态后的橙色非常亮眼。

基本信息

推荐拼盆品种

乌木

↔ 15~25 厘米

🌡 5~35℃

☀ 全日照

💧 每月 4 次

🍃 叶插、分株

🌸 春夏季节

肉友常见养护难题

@ 阿尔: 叶片有黑褐色斑点，怎么回事？

阿尔回复：这种黑褐色应该是晒伤，阳光不太强烈时，植株过分缺水也容易造成晒伤。中心叶片向内聚拢，说明土壤比较干旱。

景天科拟石莲花属

玉杯东云

玉杯东云是东云与月影的杂交，价格便宜又好看。喜欢温暖、干燥、阳光充足的环境，配土需要保水性的腐殖土和透气性的颗粒土相混合，其比例视养护环境而定。生长速度较快，易生侧芽，一年就会长成群生了，如果花盆太小了，就需要换土、换盆。根系特别多的也需要适当修根，留下健康的主根和少量须根。东云系的叶片比较难掰，必须等叶片稍微发软后摘取才能比较完整地保留生长点。另外也可以采用分株的方式繁殖。

养肥上色秘诀：玉杯东云在春季可适当多给水，以促进根系生长，夏季注意控水，保持株形，秋季控水稍加注意，有了充足的日照和较大的温差，颜色就会慢慢加深了。初秋太过强烈的日照还是需要遮阴的，冬季隔着两层玻璃晒就能呈现十分通透的橙色了。

冬季易上色

红蜡东云是比较容易上色的品种，在冬季，阳光越充足颜色越鲜艳。

基本信息

推荐拼盆品种

白蜡东云

↔ 15~20 厘米

🌡 5~35℃

☀ 全日照

🌢 每月 4 次

🌱 叶插、分株、砍头

🌸 春夏季节

肉友常见养护难题

@ 阿尔：播种的红蜡东云小苗，铺面的赤玉土表面泛白，是发霉了吗？

阿尔回复：这不是发霉，而是浇水后生成的水碱，赤玉土和鹿沼土容易留下这样的水碱，水碱不是特别严重的话对植株无明显影响。

景天科拟石莲花属

红蜡东云

也叫"红东云"，东云系比较出众的杂交品种之一。叶片较肥厚，呈莲座状排列，有蜡质感，直立，向内稍弯曲，先端渐尖。生长期叶色翠绿，冬季可整株变红。喜光照，如果光照不足，叶片会变绿，向下展开，株形松散。春秋浇水可见干见湿，夏季生长缓慢，应减少浇水，冬季需沿着盆边缓缓浇水一圈。叶插、分株、砍头都是比较容易的繁殖方式。不过红蜡东云的叶片不太好摘取，用力不当很容易将叶片掰断。在换盆时，可将植株脱土稍微晾一晾，叶片就容易摘取了。

养肥上色秘诀：红蜡东云全年都需要有足够的日照才能维持较好的株形。冬季是比较容易上色的季节，可加强通风，合理控水，尽量全日照。低温对红蜡东云上色的作用非常明显，冬季夜间可尽量维持 5℃左右的气温，以快速上色。

基本信息

推荐拼盆品种

玉杯东云

↔ 15~20 厘米

🌡 5~35℃

☀ 全日照

💧 每月 4 次

🌱 叶插、分株、播种

🔴 春夏季节

颜色变化丰富
魅惑之宵的叶片底色一般
是翠绿到深绿色，但也能养
出果冻的嫩绿色

肉友常见养护难题

@ 阿尔：这种情况需要换盆吗？

阿尔回复：植株大小超过了花盆最大口径，一般情况会建议换盆。换个大些的盆会长得更大，魅惑之宵也会更野蛮地生长。如果不喜欢太大株形的话，也可以不用换盆，这样植株不会长太大，状态会更上一层楼。

景天科拟石莲花属

魅惑之宵

也被称为"口红"，属于大型的石莲花，直径可达20 厘米以上。喜欢温暖、凉爽、干燥的环境和透水性好、透气性好的沙质土壤。习性非常强健，脱土几个月，放置阴凉处也不会死亡。夏季高温进入休眠状态时，需移至半阴处养护，控水并加强通风。春秋可适当多浇水，只要植株生长状况良好，也可以适当淋雨。使用纯颗粒土的话，需要注意应粗细结合，小颗粒和大颗粒的均匀结合比较适宜根系的生长。如果颗粒土的缝隙太大，根系无法抓土，植株也会生长不良的。

养肥上色秘诀：魅惑之宵需要接受充足日照，叶色才会艳丽，株形才会更紧实美观。另外，控水程度不用等底部叶片干枯时才浇水，否则会导致叶片数量减少，有损美观。常年隔着玻璃晒太阳，加上冬季的大温差和夜间的高湿度，就会让魅惑之宵呈现出黄绿色的底色。

阳光下的超级玫瑰
阳光下的超级玫瑰,颜色发亮,叶片通透感更强。

基本信息

推荐拼盆品种

乌木

↔ 15~20 厘米

🌡 5~35℃

☀ 全日照

💧 每月 4 次

🌱 叶插、砍头、分株

🌸 春夏季节

肉友常见养护难题

@ 阿尔：超级玫瑰冬季不上色，怎么办？

阿尔回复：多肉上色必备的几个要素分别是:充足日照、低温、大温差,另外,夜间的高空气湿度也是影响多肉颜色深浅的因素。对照自己的养护环境,可以查看下自己哪个方面还没有达到。

景天科拟石莲花属
超级玫瑰

　　超级玫瑰是令我非常惊喜的一棵东云杂交,没有想到能养出这种金黄透明的颜色来。多肉就是这么神奇,在不同的环境里有不同的状态,在相同的环境中,它的美貌也不断增加,你不知道究竟自己能养出什么样的多肉来。它喜欢日照充足、温暖、干燥的环境,耐旱,稍耐半阴,如果长时间缺光会导致叶片细长,容易"摊大饼"。春秋季节生长迅速,叶片颜色为黄绿色,叶尖红色;冬季气温逐渐降低后,叶色会逐渐变橙黄色,叶片通透感增强。

　　养肥上色秘诀：在植株健康的前提下,夏季和冬季拉大浇水间隔,让盆土大部分时间保持干燥,经过至少半年时间控养的超级玫瑰,叶片会变得较为短、厚。冬季保证每天 4 小时以上的日照时长,且昼夜温差达到 10℃以上,超级玫瑰的颜色将会逐渐显现。

基本信息

推荐拼盆品种

玉杯东云

↔ 15~20 厘米

🌡 5~35℃

☀ 全日照

🌑 每月 4 次

🍂 砍头、分株、播种

🍃 春夏季节

肉友常见养护难题

@ 阿尔：罗密欧小苗底部叶片腐烂了，怎么办？

阿尔回复：腐烂叶片的颜色不是黑色，可以肯定不是黑腐。应该是盆土湿润、高温造成底部叶片腐烂，可以摘除腐烂的叶片后，铺一层颗粒土，避免叶片与湿润的土壤直接接触。

露养的罗密欧更霸气。露养环境中养护得当的罗密欧更显霸气。

景天科拟石莲花属

罗密欧

别名"金牛座"，株形比较大。在温差大、阳光充足的环境下，整株可呈现紫红色或鲜红色。低于 5℃或者高于 35℃生长缓慢，室温维持 0℃以上，盆土干燥的情况下可以安全越冬。忌过度潮湿，浇水量可以大，但是必须保证盆土不积水。全年生长速度都比较慢，可以三四年不用换盆。繁殖方式有砍头、分株、播种和叶插，叶插成活率稍低。

养肥上色秘诀：在生长期可以适度施肥，坚持"薄肥勤施"的原则可以令叶片更加饱满，叶片数量会逐渐增多，株形更大，观赏性更强。光照越充足，温差越大，叶片颜色越鲜艳，所以在温度允许的情况下，尽量放在室外养护。如果没有露养条件，室内需要增加通风，或摆放到阳光充足的位置。

基本信息

推荐拼盆品种

乌木

↔ 15~20 厘米

🌡 5~35℃

☀ 全日照

💧 每月 4 次

🌱 叶插、砍头、分株

🌸 春夏季节

景天科拟石莲花属
冰河世纪

　　叶片肥厚紧凑，散发蜡质光泽。夏季翠绿色，秋冬等寒凉季节时叶缘会变红。日照不足时，叶片会向外摊开，浇水过多容易化水。习性比较强健，度夏比较容易。喜欢温暖、干燥、通风的环境，土壤宜选排水良好的沙质土壤。光照不足，盆土长期湿润，或者施肥过多，都可能造成植株株形不紧凑，叶片窄又长，颜色变浅。所以除了尽可能给予多的日照外，控制好水肥是养出好品相的关键。夏季高温生长比较缓慢，浇水量要减少，避免盆土长期处于潮湿状态。冬季低于 5℃ 需要采取保温措施。等盆土干燥时，可摘取底部叶片进行叶插，成活率比较高。

景天科拟石莲花属
白夜

　　白夜属于比较大型的多肉，个头可以长很大。喜欢体型大些的，就给配个大盆，腐殖土的比例稍多一些，能更快长大。不喜欢大个头的，可以用小盆，配土中多放颗粒土，既能控制个头，秋冬还容易出状态。白夜的生命力顽强，抗旱性强，脱土几个月都不会死。它喜欢温暖、日照充足的生长环境，除了夏季外，都可以全日照养护。春秋浇水见干见湿，夏季需要注意浇水量，水大容易造成黑腐、化水。繁殖方式有叶插、砍头、分株等。叶插出芽率不高，砍头比较容易成活。

　　白夜对水分比较敏感，所以浇水量要少一些，尤其是夏季。冬季容易出状态的时候，就尽量多晒，浇水间隔稍微拉长一些。白天尽量让温度维持在15~20℃，夜晚可开窗半小时以降低室内温度，以此增大昼夜温差，这样颜色才会更鲜艳，白色纹路更清晰。

基本信息

推荐拼盆品种

凌雪

↔ 15~20 厘米

🌡 5~35℃

☀ 全日照

💧 每月 4 次

🌱 叶插、砍头、分株

🌸 春夏季节

基本信息

推荐拼盆品种

厚叶月影

↔ 15~22 厘米

🌡 5~35℃

☀ 全日照

💧 每月 4 次

🍃 播种、砍头

🏵 春末夏初

粉红色的雪莲
雪莲在秋冬会呈现出粉嫩的颜色，仿佛娇羞女子白里透红的脸颊，惹人爱怜。

肉友常见养护难题

@ 阿尔：雪莲换盆的时候如何防止蹭掉霜粉呢？

阿尔回复：雪莲换盆蹭掉点霜粉是难以避免的，不过使用镊子夹住根部操作，比直接上手操作会比较少蹭掉霜粉。

雪莲的花朵。雪莲一般在晚春开花，总状花序，花朵为橙红色或红色，被白霜覆盖。

景天科拟石莲花属

雪莲

　　叶片圆匙形，顶端圆钝或略尖，但没有明显的叶尖。雪莲是白霜特别厚的一个品种，喜欢阳光充足、凉爽、干燥的环境，耐干旱，怕积水与闷热、潮湿。夏季高温会逐渐休眠，这时候要减少浇水，勿施肥，并放置于通风、凉爽的地方。冬季低于 5℃ 生长缓慢，浇水要少。春秋季节正常养护就可以了，每月可浇水三四次。叶子不太好掰，最好在换盆、换土时一起进行，而且叶插出芽率比较低。繁殖以砍头和播种为主。

　　养肥上色秘诀：雪莲出状态需要充足的光照，弱光环境下养殖叶片容易变长、变薄，品相不佳。想要让它的叶片圆润丰满又粉粉嫩嫩，就需要严格执行"干透浇透"的原则，多晒太阳。雪莲的主要欣赏价值在于叶片的白霜，不要触碰，完美无瑕的霜粉能令雪莲的颜值大大提升。

基本信息

推荐拼盆品种

黛比

↔ 15~20 厘米

🌡 5~35℃

☀ 全日照

💧 每月 4 次

🌿 叶插、分株、播种

🌸 春夏季节

肉友常见养护难题

@ 阿尔：蜗牛会吃芙蓉雪莲的叶子吗？

阿尔回复：蜗牛是会吃多肉的，化水的那片叶子应该就是被蜗牛啃食后腐烂的。在雨后应注意检查花盆中是否有蜗牛。

缺光的芙蓉雪莲。光照不足环境下养护的芙蓉雪莲，叶片比较细长，叶色青绿，呈现出白霜的颜色。

景天科拟石莲花属
芙蓉雪莲

比较大型的石莲花，是一种非常容易养出状态的多肉。春秋两季是主要生长期，夏季日照充足会变红，高温休眠，秋季也会比较好看。冬季光照充足，叶缘会泛红。植株根系健康的，春秋浇水见干见湿；夏季遮阴，稍微减少浇水量较好，比较容易度夏。长期露养的健康植株，夏季也可以继续露养，不过多雨天气要保证盆土不积水。

养肥上色秘诀：如果对生长速度没有要求的话，可以选择纯颗粒土，这样植株生长速度慢，但叶形和颜色更容易"虐"出来。颗粒土可选择3~6毫米的大小，土壤中的空隙小而多，有利于根系的生长。养好根系后状态很快就能养出来了。

基本信息

推荐拼盆品种

花月夜

↔ 10~18 厘米

🌡 5~35℃

☀ 全日照

💧 每月 4 次

🍃 叶插、砍头

🌸 冬季和春季

肉友常见养护难题

@ 阿尔：雨后有一片叶子化水了，要不要砍头啊？

阿尔回复：在对待出现问题的多肉时，很多人会认为及早砍头保命要紧。这对新人来说不失为上策。但是如果能分清严重程度，就不一定必须砍头了。像图中这种情况，仅仅一片叶片化水，可继续观察。叶片化水不一定都是黑腐。有些情况下只是物理性化水，如果隔天化水情况没有加重就不用急着砍头。

景天科拟石莲花属

莎莎女王

　　莎莎女王叶片圆匙形，覆有较厚的白霜，叶片紧密排列成莲花座形。昼夜温差大的气候条件下，控制浇水可以让叶缘变粉红色，叶片更紧包。喜欢温暖、干燥、通风并且光照充足的环境。春秋是生长季，可接受全日照。夏季高温短暂休眠，需要遮阴并通风。这时候的浇水量要少，浇水次数可多一些。冬季温度逐渐降低时，水量也要降下来，低于 5℃需要保持盆土干燥，低于 3℃还是室内养护比较保险。繁殖方式主要有叶插、砍头、分株。不太容易自然群生，叶插是新人繁殖的首选方法。

　　养肥上色秘诀：莎莎女王每天最少需要 4 小时日照，这样才能保持紧凑的株形和漂亮的颜色。想要养出水嫩的果冻色，就不能让它处于高强度的日光照射下，紫外线强度较弱的长时间日照反而能令颜色更粉嫩。

控水会呈"包子"状
红边月影控水合适叶片就会比较
紧包,不控水叶片容易摊开。

基本信息

推荐拼盆品种

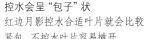

吉娃莲

↔ 10~18 厘米

🌡 5~35℃

☀ 全日照

💧 每月 4 次

🌱 叶插、砍头

🌸 冬季和春季

肉友常见养护难题

@ 阿尔: 红边月影开花期如何养护?

阿尔回复:多肉开花需要消耗很多的养分,如果想要让它继续开花,就要为它补充营养,每次浇水时加入少量的磷酸二氢钾可使花开得更好,而且花后多肉也不会因养分消耗而变丑。

景天科拟石莲花属

红边月影

　　红边月影是和莎莎女王非常像的一个品种,特别怕闷湿,夏季不通风容易黑腐。使用的栽培土壤保水性不用太强,太保水的土壤容易使红边月影叶片摊开,颜色不容易保持。适宜生长的温度在 15~25℃,一般春秋生长速度较快,见干见湿地浇水,能够让植株根系充分吸收水分,也有利于其更好地呼吸。冬季室内养护不能低于 5℃,室外环境不稳定,建议更早一些采取保暖措施。繁殖主要是叶插,成活率比较高,砍头操作起来不太容易。

　　养肥上色秘诀:冬季养出状态的方法除了足够长的日照时间外,还是控水,红边月影的叶片较厚,所以储存的水分也比较多,它能够耐受较长时间的干旱,而且冬季生长缓慢,叶片代谢比较慢,所以冬季浇水间隔可以拉长一些。具体浇水间隔还要依据每个人不同的环境而定。

172

基本信息

推荐拼盆品种

白月影

↔ 10~15 厘米

🌡 5~35℃

☀ 全日照

💧 每月 4 次

✂ 砍头、分株

🌸 冬季和春季

叶片较薄
粉月影叶片一般较薄,图上
这棵叶片较厚,是长期控水
的结果。

肉友常见养护难题

@ **阿尔**: 粉月影在阳台淋了两天
雨,底部的叶片化水了,怎么办?

阿尔回复: 连续淋雨很容易导致黑
腐、化水,这时候只能摘除化水叶
片,观察茎秆,如果叶片脱落的点
是黑色的,那么必是黑腐无疑,应
尽快砍头;如果叶片脱落的点是白
的,还可以继续观察两天。

生长期的粉月影。粉月影在春秋
季生长迅速,叶片颜色为清新的
蓝绿色。

景天科拟石莲花属

粉月影

是比较受欢迎的月影系多肉之一。相比莎莎女王
和红边月影叶片比较薄,叶缘红边更清晰,晕染的感
觉少一些。春秋可选择早晚浇水,夏季最好晚上浇水,
水温应接近室温,冬季应在温暖的午后浇水。土壤选
用颗粒和腐殖土的比例为 7:3 混合的比较好。叶插出
芽率比较低,还可以采用砍头、分株的方式来繁殖。

养肥上色秘诀:如果粉月影在春秋生长速度较快
的话,说明根系良好,浇水应见干见湿。盛夏需要严
格控水,并注意通风,通风不够也会导致植株叶片下
垂。冬季可以逐渐控水,并加强夜间的空气湿度,如
果空气过分干燥也会影响多肉的颜色和叶片质感。夜
间空气湿度高的环境养护可使粉月影的颜色更粉嫩。

基本信息

推荐拼盆品种

莎莎女王

- ↔ 10~20 厘米
- 🌡 5~35℃
- ☀ 全日照
- 💧 每月 4 次
- 🌿 叶插、砍头、分株
- 🌸 冬季和春季

宛若莲花
雨燕座叶片层层叠叠，粉嫩娇艳，宛若盛开的莲花。

肉友常见养护难题

@ 阿尔: 为什么我的雨燕座颜色暗淡、不鲜艳?

阿尔回复: 这就是非常复杂的问题了。多肉的颜色是会因周围环境的不同而有所不同的，它是综合因素的影响。据我自己的经验，室内隔着玻璃的环境养护，颜色都会比较嫩。室外紫外线强的环境养护，颜色会浓厚一些，如果再过度控水的话，颜色会偏暗沉。

景天科拟石莲花属

雨燕座

　　是比较大型的石莲花，冠幅可以达到 20 厘米以上。雨燕座的辨识度比较低，叶片细长，呈蓝绿色，叶缘桃红色，和很多红边边品种都很像。春季开花，小花钟形，亮黄色。喜欢疏松、透气、排水良好的土壤和凉爽、干燥的环境。雨燕座比较好养活，能够接受全日照，但是夏季高温需要遮阴。生长季浇水可以粗放一些，夏季和冬季还是少浇为好。叶插是主要的繁殖方式，叶片不好摘，最好在换盆时进行。另外也可以砍头或分株繁殖。

　　养肥上色秘诀: 具备露养条件的话，可以从春季开始就露养，夏季遮阴，适当控制浇水，到秋季自然有非常出色的状态。如果室内养护，可以收集干净的雨水用来浇灌多肉，雨水呈弱酸性，非常适合多肉生长，而且能让雨燕座的颜色更鲜艳。如果使用小一点的花盆，还能令叶片更紧凑，更加向内收拢，形成完美的"包子"形状。

黄金花月

景天科青锁龙属

- ↔ 20~50 厘米
- 🌡 5~35℃
- ☀ 全日照
- 💧 每月 3 次
- 🌱 叶插、砍头、分株

　　根系发达，习性强健，非常容易木质化。单独栽培于庭院中，会生长得非常大。每年的 3 月，气候冷凉，光照充足，昼夜温差大，是其一年当中叶色最美的时节。浇水见干见湿，夏季注意遮阴即可。

筒叶花月

景天科青锁龙属

养护难度

- ↔ 20~50 厘米
- 🌡 5~35℃
- ☀ 全日照　💧 每月 3 次
- 🌱 砍头、分株、叶插

　　又称"吸财树"，是一种非常好养活的多肉。常见的为十几厘米高的小株，多年生植株可以长成高大的树状。除了盛夏高温时要适当遮阴外，其他季节尽可能地多晒太阳。春秋季节可以适当施肥，以使枝干更加粗壮。

明镜

景天科莲花掌属

养护难度

- ↔ 30~40 厘米　🌡 5~35℃
- ☀ 全日照　💧 每月 4 次
- 🌱 砍头、分株、播种

　　明镜是一种大型多肉，直径可长到 30~40 厘米。叶缘有少许茸毛，叶片紧密排列。当叶片外展时，由于叶缘的白色茸毛，同时外侧叶片大，内里叶片逐渐变小，整个叶盘就像一副精美绝伦的几何图案，十分惊艳。春秋季节生长较快，养护简单，干透浇透，给予足光照。夏季高温休眠，适当遮阴并控水。秋冬季节光照充足，叶片可转变为黄绿色。

紫羊绒

景天科莲花掌属

养护难度

- ↔ 15~20 厘米　🌡 5~35℃
- ☀ 全日照　💧 每月 4 次　🌱 砍头、分株

　　紫羊绒是冬型种，除去夏季高温会休眠外，其他季节生长都比较快。日常养护保证每天 4 小时日照，见干见湿地浇水，成活就没什么问题。关键是夏季休眠时，要避免暴晒，减少浇水量，并放在通风良好的环境中养护。冬季低于 5℃ 需要采取保温措施。

黑王子

景天科拟石莲花属

 养护难度
● ○ ○ ○

↔ 10~15 厘米　🌡 5~35℃

☀ 全日照　💧 每月 4 次　🌱 叶插、砍头、分株

　　喜欢温暖、干燥和阳光充足的环境，不耐寒，耐半
阴和干旱。黑王子特别皮实，纯河沙都可以养活，只要不
经常浇水，养活它问题不大。黑王子夏季会短暂休眠，可沿着
盆边少浇些水，让盆土稍微有些水分。黑王子出状态很容易，每天保
证 4 小时日照，适当浇水，注意通风，就能养出紧凑的株形和黑色有质感的叶子。需要
注意的是，土壤应选择疏松透气的沙质土壤，并且颗粒成分不能太多，否则叶片消耗的
速度会比较快。夏季要避免暴晒，否则容易晒伤。黑王子叶插非常容易成活，它长出的
花箭上面的小叶子发芽成活率都很高，是新手练习叶插的好选择。

玉蝶锦

景天科拟石莲花属

🍴 **养护难度**
● ○ ○ ○

↔ 10~15 厘米

🌡 5~35℃　☀ 全日照

💧 每月 3 次　🌱 砍头、分株

　　为玉蝶的斑锦品种，一般叶片两边为白色或黄
色斑锦，中间颜色正常，有些也会整片叶子
为斑锦。极少情况下会出现整株都是黄
白色的斑锦，称为全锦。斑锦部分在
日照充足、温差大的环境下会变粉
红色。玉蝶锦的习性和玉蝶类似，
喜欢日照充足的环境，栽培介
质宜疏松透气，和玉蝶一样夏
季容易黑腐。夏季的养护需格
外小心，注意遮阴、通风，浇
水要少量，只保证根系不会因
干旱而枯死即可。

玉蝶锦叶片片短匙形，先端
圆而有小尖，微向内弯曲，
叶色中间浅绿或蓝绿色，
两边为黄白色。

叶片较薄
赫拉的叶子较薄，相对更喜水，但为了保持叶片的紧凑，还要适当控水。

基本信息

推荐拼盆品种

广寒宫

↔ 15~25 厘米

🌡 5~35℃

☀ 全日照

● 每月 4 次

➤ 砍头、分株

🌸 春夏季节

肉友常见养护难题

@ 阿尔: 想要用纯颗粒栽种赫拉，这样的配比可以吗？

阿尔回复：颗粒土的透气性强，但是营养匮乏，用纯颗粒土栽种赫拉，生长速度肯定是很慢的。而且赫拉叶片薄，耐旱能力相对较弱，不建议使用颗粒太多的配土，泥炭土相对多一些会养得更好。

室内室外颜色不同。室内养护的赫拉，出状态后叶子是粉红色的，如果是室外露养则可能是鲜艳的红色。

景天科拟石莲花属
赫拉

　　比较受欢迎的薄叶系列，也属于大型的多肉品种。昼夜温差大的寒凉季节，接受充足日照后会变成粉红色，叶缘边线颜色鲜红，非常明显。赫拉喜欢阳光充足、凉爽、干燥的生长环境。春秋季节可以全日照，夏季适当遮阴，并注意通风和控水，冬季低于 5℃ 需要移至室内养护。叶插成功率比较低，新人首选砍头、分株，砍头后的底座也会萌发新芽。

　　养肥上色秘诀：每天 4 小时以上的日照是少不了的，虽然薄叶的多肉相对更喜水，但为了保持叶片的紧凑，还是要控水的。另外缺少光照也容易让叶片向外摊开，影响美观，所以还是要保证每天晒够 4 小时。好的状态不是一朝一夕就能养出来的，个人建议在上盆半年内还是要以养活为目的，不能过分"虐"，经历过一个生长季后才可以开始缓慢地控水，这个过程也要循序渐进。

基本信息

推荐拼盆品种

广寒宫

↔ 15~25 厘米

🌡 5~35℃

☀ 全日照

💧 每月 4 次

🍃 砍头

🌸 春夏季节

价格较贵

因为蓝光叶插非常困难，自然生长也不容易长出侧芽，所以繁殖比较困难，自然物以稀为贵。

177

肉友常见养护难题

@ 阿尔: 蓝光服盆慢, 怎么办?

阿尔回复：蓝光比较容易服盆，尤其是在春季和秋季。图上这个看起来已经算是服盆了，只是外围叶片还有些干瘪，可以试试浸盆，让土壤充分吸收水分。

如果新手担心服盆困难，可以放在潮湿的土壤上发根，等有白色根须长出后再上盆。注意不要总是为服盆期或刚服盆的蓝光换盆，这样只会让蓝光的叶片越来越少，更不容易服盆。

景天科拟石莲花属

蓝光

薄叶系列中较受欢迎的品种，属于大型品种，成株叶展可达 20 厘米以上。叶片较薄，宽大，出状态是淡蓝色带粉红色边，仙气十足。喜欢日照充足的环境，疏松透气的土壤，耐旱，稍耐半阴。春秋两季气温适宜蓝光生长，生长速度比较快，底部叶片代谢经常是一点点变枯萎的，所以你会经常看到底部叶片一半枯萎一半还是很健康的样子。多年生植株茎秆易木质化，浇水应慎之又慎。

养肥上色秘诀：薄叶系列的多肉也是非常喜欢日照的，充足的日照可以令株形紧凑，避免叶片下垂"穿裙子"或徒长。春秋季节可露养，最大限度接受日照，夏季需要遮阴，冬季应放置在光线充足的环境下。浇水见干见湿，适度控水的话叶片会更短更肥一些。冬季室内养护注意增大昼夜温差，这样养出的状态会非常漂亮。

基本信息

推荐拼盆品种

红粉台阁

↔ 8~20 厘米

🌡 5~35℃

☀ 全日照

💧 每月 4 次

➖ 砍头、分株

🍂 冬季和春季

如名字般清丽动人
碧桃的叶片呈倒卵形，绿色，略有白粉，充足光照下叶缘泛红，叶片呈黄绿色，清透美丽。

178

肉友常见养护难题

@ 阿尔：碧桃叶片为什么不包裹起来?

阿尔回复：正常生长的碧桃，叶片就是这样的。碧桃叶片包裹起来说明比较缺水了，生长速度较慢或完全停滞。如果想要叶片包起来适度控水就能做到。

碧桃脱土运输后叶片容易干瘪。网购碧桃的话，收到后可能是图上这样的，不过不用担心，上盆后三五天它就能恢复生机了。

景天科拟石莲花属
碧桃

　　碧桃也叫鸡蛋莲，别看图上这么的小巧美丽，如果地栽单头的冠幅轻松超过 15 厘米。碧桃习性较强，生长速度快，多年生老桩非常漂亮。碧桃喜欢疏松透气的土壤，对水分不太敏感，生长季适当多浇水，促进根部生长。冬季需要搬入室内养护，保证每天 4 小时的日照。碧桃的叶子比较脆，而且薄，不容易叶插，一般是砍头、分株繁殖。

　　养肥上色秘诀：想要把碧桃养出这种果冻色，必须具备长期充足的日照、严格控水、大温差以及适宜的夜间湿度。如果日照过于强烈，颜色可能不通透、不鲜嫩。室内隔着玻璃的日照强度是非常适宜的，如果露养也可以用阳光板或塑料薄膜等遮盖顶部，以降低日照强度。

基本信息

推荐拼盆品种

芙蓉雪莲

↔ 10~15 厘米

🌡 5~35℃

☀ 全日照

💧 每月 4 次

✂ 砍头、分株

🌸 夏季

叶片霜粉厚重
因为蓝鸟叶片有厚厚的霜粉，出状态后才这样白里透红。

肉友常见养护难题

@ 阿尔：我这是厚叶蓝鸟还是薄叶蓝鸟呢，怎么区分二者?

阿尔回复：目测是没有状态的厚叶蓝鸟，叶片中央有隆起的一条线，一般薄叶蓝鸟没有。虽然没有状态，叶片不肥厚，但是薄叶蓝鸟的叶片比这个还要薄。多晒晒太阳，控水一段时间，状态会更好一些，就更容易分辨品种了。

景天科拟石莲花属
蓝鸟

　　蓝鸟是中大型多肉，有两个品种，一个是薄叶蓝鸟，一个是厚叶蓝鸟，一般说蓝鸟指的是厚叶蓝鸟。上图并非是有些人推崇的"粉蓝鸟"，它只是状态非常好的厚叶蓝鸟而已。蓝鸟为莲花座株形，叶片排列紧密，叶片表面一层厚粉。蓝鸟出状态可以是蓝里面透粉，也可以是上图一样的粉色。喜欢日照、温暖、干燥的环境，耐干旱，不耐寒。蓝鸟是比较好养的品种，除了夏季需要遮阴外，其他季节都可以接受全日照。夏季养护需要注意遮阴、通风，浇水间隔拉长，浇水量减少，不要兜头浇水，避免叶心积水引起化水。

　　养肥上色秘诀：缺光的话，蓝鸟叶片会变薄，排列稀松，所以必须保证蓝鸟每天接受 4 小时以上的阳光照射。再有就是夏季和冬季的控水，等到叶片有发皱的迹象再浇水，能使叶片更肥厚。

基本信息

推荐拼盆品种

鲁氏石莲花

↔ 10~15 厘米

🌡 5~35℃

☀ 全日照

💧 每月 2 次

🌿 叶插、砍头、分株

🌸 春夏季节

艳压群芳
虽然蓝石莲大多时候其貌不扬，但等到隆冬季节，它的美艳压群芳。

肉友常见养护难题

@ 阿尔：蓝石莲"穿裙子"了，还能恢复吗？

阿尔回复：日照不足，蓝石莲非常容易"穿裙子"。如果能够改善日照时长，再控制浇水，底部的叶片就不会再"穿裙子"了。

蓝石莲叶插苗。蓝石莲叶插非常容易出根出芽，很多还是多头的。只是在摘取叶片时应小心，捏住叶片左右轻轻晃动，保证生长点完整。

景天科拟石莲花属
蓝石莲

　　蓝石莲属于中大型的多肉，叶片常年呈蓝白色，秋冬季节叶缘会变得粉红一些。蓝石莲属于比较皮实的品种，但非常容易徒长，所以新手在养护时一定要少浇水，春秋两季可 15 天左右浇 1 次，夏季和冬季可 1 个月浇水 1 次，或者选择颗粒比较多的配土。叶插出根出芽率也比较高，掰叶片时容易掰断，应在盆土比较干燥时或在翻盆、砍头时进行。

　　养肥上色秘诀：如果有好的露养环境，直接露养就能养出比较好的状态了。室内养护应选择阳光最好的位置，遵循见干见湿的浇水原则。想要得到更好的状态，就要从土壤、浇水、日照、通风各个方面把控，使用纯颗粒土，严格控水，放在阳光充足且通风处养护。

推荐拼盆品种

红爪

↔ 10~15 厘米

🌡 5~35℃

☀ 全日照

💧 每月 4 次

🍂 叶插、分株、砍头

🌸 春末夏初

颜色变化是综合作用的结果
昂斯洛颜色变化丰富，不同时长的日照和不同的浇水频率、气温等都会影响颜色的变化。

肉友常见养护难题

@ 阿尔：我的昂斯洛换了红陶盆后瘦了好多，难道红陶盆是真的养不肥多肉吗？

阿尔回复：众所周知，使用红陶盆养多肉，浇水频率要高很多。但是这也不表示红陶盆就养不肥多肉。养不肥说明浇水频率还不对，需要根据植株情况慢慢调整。

Part5 养出高颜值多肉

181

景天科拟石莲花属

昂斯洛

习性较为强健，喜欢温暖、干燥、通风的环境，耐干旱，忌高温潮湿，宜选用透水、透气的栽培介质。春秋生长季可以尽量多晒太阳，浇水一次浇透，遇阴雨天气要将浇水时间延后。夏季高温需要遮阴，冬季需放在温暖向阳处养护，并注意通风。繁殖方式很多，叶插、砍头、分株都可以，叶插出芽率稍低。

养肥上色秘诀：通常昂斯洛代谢老叶子的速度比较慢，叶片层数比较多，而且非常容易"穿裙子"。夏季为了避免"穿裙子"，除了少浇水外，还要放在通风好的位置。冬季低温会出现粉红色，但温度不能低于5℃，虽然有些常年露养的健康植株，在盆土干燥的情况下可以度过不低于0℃的低温天气，但并不安全，有很大的概率会冻伤、冻死。配土应是颗粒混合细腻的腐殖土，保证疏松、透气、不板结，养好根系后，再控水，叶片才能更肥厚。

人见人爱的多肉新宠

不同品种的多肉通过相互授粉杂交，经过育种师两三年的培育就能得到一些新的品种。近两年来，有很多非常火热的新品种出炉，也受到了不少多肉控的喜爱。这里就为大家介绍一些多肉圈里的新宠。

基本信息

推荐拼盆品种

芙蓉雪莲

↔ 5~13 厘米

🌡 5~35℃

☀ 全日照

💧 每月 3 次

🌱 叶插、砍头、分株

🌸 春季和秋季

肉友常见养护难题

@ 阿尔：冰玉夏季需要遮阴吗？

阿尔回复：冰玉喜欢光照，但不喜欢暴晒，温度超过 35℃，应注意遮阴。长期室内养护的话，北方地区隔着玻璃晒太阳也可以不遮阴，不过也不排除部分室内情况也需要遮阴。

冰玉黑腐的样子。冰玉从叶心开始黑腐，中心叶片变黑，其他叶片也变成了病态的透明状。

景天科拟石莲花属

冰玉

冰玉是近年来比较火的多肉新品种，完美继承了月影系通透的质感。出状态的冰玉就像白玉一般，温润而透亮。可惜，冰玉习性较弱，对水分比较敏感，养护起来比较困难，所以从土、浇水、环境都需要特别注意。配土最好选择透水性比较好的沙质土壤，也可以用全颗粒的配土。另外还应注意环境的通风，每次浇水的量要少，始终要给根部比较凉爽干燥的环境，不然容易黑腐死亡。

养肥上色秘诀：冰玉本身的叶片较厚，正常养护状态就很饱满，如果想要更肥一点，可以使用颗粒比例较大的配土，在根系健康的情况下给予适当的控水即可。冬季的低温能够让冰玉的颜色更美。

开花时间不稳定

雪兔开花是在春末夏初，但也不一定都是这时候开，因为气候的不同，南北方开花时间早晚有差异。多肉开花也不是每年都开，有的两三年才开一次。

基本信息

推荐拼盆品种

雨燕座

↔ 5~13 厘米

🌡 5~35℃

☀ 全日照

💧 每月 4 次

🌱 叶插、砍头、分株

🌸 春夏季节

肉友常见养护难题

@阿尔：北方冬季白天放到室外晒太阳，会不会上色比较快？

阿尔回复：冬季北方的气温比较低，不能露养，一般为室内养护。如果白天拿出去晒太阳，晚上再收回屋里，气温的骤然变化会让多肉很难适应，虽然未必造成明显的伤害，但不建议这样做。其实如果室内能晒到太阳的话，在室内晒更好，室内白天温度比室外高，这样昼夜温差会更大。

景天科拟石莲花属

雪兔

　　月影系的杂交品种，曾经价格高得惊人，随着国内商家的大量繁殖，价格逐渐趋于稳定。叶片肥厚，稍有霜粉，日常为灰蓝色，日照充足的寒凉季节，新叶会转变为粉紫色。习性强健，喜欢日照、温暖、干燥且通风的环境适宜它生长。土壤选择颗粒土与腐殖土混合比较好，既能促进根系生长，又不容易板结。春秋见干见湿地浇水就好，基本没什么病害。夏季需要遮阴，浇水应选择在晚上，有风的天气最好，露养的尽量避免淋雨。

　　养肥上色秘诀：雪兔最好的状态是在一年的深冬和早春季节，这时候气温低，容易上色。所以，除了按照上面讲的春夏秋三季方法的管理外，冬季是养出好状态的关键。北方冬季低于 5℃时，应及时搬入室内向阳处，保证至少每天 4 小时的日照。浇水可选择在晴朗的中午，不要在傍晚或晚上浇水，以免冻伤。

基本信息

推荐拼盆品种

黑爪

↔ 5~13 厘米

🌡 5~35℃

☀ 全日照

💧 每月 4 次

🌿 叶插、砍头、分株

🏵 春夏季节

肉友常见养护难题

@ 阿尔： 雪爪中间有片叶子变黄了，是怎么回事？

阿尔回复：黄色叶片是化水了，可以摘除这片叶子，然后看看周围叶片是否松动、脱落。如果周围的叶片也脱落了，那么就要摘叶片、砍头了。如果其他叶片都没问题，可以放置在通风阴凉的地方继续观察。通常这种情况是夏季高温和土壤水分过多造成的，夏季浇水后应格外注意通风，让盆土快速蒸发水分。

景天科拟石莲花属
雪爪

也称为"比安特"，雪莲和黑爪的杂交后代，叶片形状更接近黑爪，但顶端圆润，"爪子"不明显，叶片覆盖厚粉。秋冬寒凉季节，叶片先端会变粉红色甚至橙红色。喜欢日照充足、干燥、通风的环境。生长季节等土壤大部分干燥后即可浇水，北方露养大概每周一次水。夏季持续高温需要遮阴，并放置在通风良好的地方。露养环境最好安装遮雨棚，尤其是南方，不然很容易因长时间淋雨而黑腐。冬季浇水量和浇水频率都应逐渐降低，但不能断水。

养肥上色秘诀： 春秋两季雪爪的生长速度快，可施用缓释肥，促进植株生长，养好根系。秋季气温逐渐下降，温差增大，雪爪逐渐会呈现粉红色，这时应保证每天充足的日照。之后逐渐将浇水量减少，等盆土中的水分差不多只剩 10% 后再浇水。这样在不断地干透浇透后，叶片会越来越肥厚而短小，株形紧凑，形成好的状态。

基本信息

推荐拼盆品种

芙蓉雪莲

↔ 5~13 厘米

🌡 5~35℃

☀ 全日照

💧 每月 3 次

🍂 叶插、砍头、分株

🌸 春夏季节

肉友常见养护难题

@ 阿尔：这棵是凌雪吗，为什么叶片养不肥？

阿尔回复：这棵应该是芙蓉雪莲，状态非常好了。跟凌雪的最大区别在于霜粉比较厚，而且芙蓉雪莲叶片是很难养到凌雪那么短的，无论怎么控形，叶形还是比较长的。凌雪霜粉感较轻，叶形短而肥厚。

景天科拟石莲花属
凌雪

　　叶片肥厚，稍有霜粉，生长季和芙蓉雪莲很相似，但叶片稍短，寒凉季节出状态非常红，有的会长血斑，霜粉不明显。喜欢凉爽干燥、日照充足的生长环境，土壤需透气性、排水性良好。生长季节可以放在阳光最充足的地方，浇水干透浇透。夏季连续 3 天最高气温达到 35℃左右需要遮阴。夏季浇水后应注意加强环境通风，如果有必要，可使用电风扇加速空气流动，以快速蒸发水分。夏季一定要避免长时间淋雨、盆土积水。冬季可放在室内向阳处进行养护。

　　养肥上色秘诀：养肥的凌雪非常迷人，叶片圆嘟嘟，肉感十足。想要凌雪更肥美，还是要具备几个条件：长日照、干透浇透、养分合适的土壤。日照充足是养肥凌雪的前提，如果日照不足，再怎么控水都没有用。控水应注意不要太过，否则容易伤及根系，状态就不会好。土壤需要有一定的肥力，在春季或秋季施用一些缓释肥，可使植株更健硕。

基本信息

推荐拼盆品种

娜娜小勾

↔ 5~12 厘米

🌡 5~35℃

☀ 全日照

💧 每月 5 次

🌿 叶插、砍头、分株、播种

🌸 春夏季节

肉友常见养护难题

@阿尔：秋冬总是不上色，怎么办？

阿尔回复：能否上色绝大部分因素取决于日照和低温、昼夜温差，所以可以从这几个方面着手进行改变。比如夜间开一会儿窗户，降低室内温度。

@阿尔：海琳娜叶插苗用什么土长得快？

阿尔回复：想要叶插苗长得快就多用泥炭土、稻壳炭等有营养的土，少用颗粒土。相应的也要多一些晒太阳的时间，但避免强烈日照。浇水让土表保持湿润，能促进根系生长。但是浇水不能太多，容易徒长。

景天科拟石莲花属

海琳娜

　　海琳娜属于月影系多肉，它的美貌自然不会差。叶片先端比较圆，急尖，莲花座状排列。日常为嫩绿色，秋冬寒凉季节可转变为黄白色、粉色或紫粉色。株形紧凑、叶片较多的海琳娜，俯视时会有非常规律的几何感。习性强健，对水分不是特别敏感，在不积水的前提下，春秋浇水量可多一些，花盆表层土壤干燥三四天后即可浇水。夏季浇水量要少，并进行遮阴和加强通风。冬季在温暖处接受全日照，浇水量要少，看植株底部叶片有褶皱后再浇水。

　　养肥上色秘诀：海琳娜喜欢日照，春季、秋季、冬季可以接受最长时间的日照，这样养出的植株株形才会紧凑，不然就算冬季低温变色了，也不会太好看。无论什么时候株形紧凑的多肉都是比较漂亮的。上色的关键还是低温和充足日照，冬季夜晚适度降低室内气温可更快上色。

基本信息

推荐拼盆品种

白月影

↔ 8~12 厘米

🌡 5~35℃

☀ 全日照

💧 每月 4 次

🍃 叶插、砍头、分株、播种

🌸 春夏季节

肉友常见养护难题

@ 阿尔： 海滨格瑞有两片叶子化水了，是什么原因？

阿尔回复：叶片化水的主要原因有两个，一是，叶片喝饱水后，在高温环境下细胞壁破裂；二是，冬季气温低，造成的冻害。无论是哪种原因都应及时摘除化水的叶片。高温化水的应增强通风，放置在阴凉处。冻伤的应移至稍温暖处，不可立即放置在温度较高的地方。

景天科拟石莲花属
海滨格瑞

海琳娜的近亲，同属月影系。叶片没有海琳娜肥厚，叶尖较长，向外弯曲，叶缘冰边明显。生长季为绿色，冬季可转变为白、粉、红、蓝等色，个体状态差异比较大。喜欢充足日照，温暖干燥又通风的环境适宜它生长，不耐寒，耐半阴和干旱。忌闷热，夏季应注意通风和控水，温度超过 30℃建议遮阴养护。如果水浇多了，容易徒长，叶片稀松，可以砍头后重新塑形。叶插的出芽率算是中上，比较容易繁殖。

养肥上色秘诀： 为了让海滨格瑞长得肥美一些，必须在前期养好根系。首先是保证每天至少 4 小时的日照。其次，生长期的海滨格瑞可以适当多浇水，差不多每周一次水，等植株生长得饱满、健康后，到夏季或冬季再逐渐减少浇水量，控制浇水。这样多肉就能逐渐肥美起来了。

多肉越肥越美

基本信息

推荐拼盆品种

蓝色惊喜

↔ 4~12 厘米

🌡 5~35℃

☀ 全日照

💧 每月 3 次

🍃 叶插、砍头、分株

🌸 春季

肉友常见养护难题

@ 阿尔: 我这个是露华浓吗?

阿尔回复:你这图上是月亮仙子,它和露华浓的差别其实挺大的。露华浓的叶片先端较圆,月亮仙子的叶片先端更接近三角形,而且带有不太明显的暗纹。

奶油色的露华浓。露华浓出状态的颜色柔和温润,很多人都形容类似这种感觉的颜色为"奶油色"。

景天科拟石莲花属

露华浓

露华浓是比较受欢迎的杂交新品,不仅因为它本身的"姿色",可能还因为这个非常诗意的名字。"云想衣裳花想容,春风拂槛露华浓。"李白曾用这句诗来夸赞杨贵妃的美貌。我想,给多肉起名字的人一定也觉得这种多肉的美丽唯有杨贵妃的神韵可堪比拟吧。露华浓是典型的莲花座形多肉,叶色嫩绿,秋冬会变为粉嫩色。

养肥上色秘诀:露华浓的养护和冰莓类似,浇水量要少,需长时间的光照。如果每天的日照时间较短,叶片会向外打开,甚至"摊大饼"。冬季的低温对上色的作用特别明显,南方室外养护很容易看到非常漂亮的颜色。

Part5 养出高颜值多肉

基本信息

推荐拼盆品种

圣诞东云

↔ 5~13 厘米

🌡 5~35℃

☀ 全日照

💧 每月 4 次

🌱 叶插、砍头、分株

🌸 晚冬至早春

肉友常见养护难题

@ 阿尔：美衣能拿出去淋雨吗？

阿尔回复：如果是室内养护，不建议拿出去淋雨。多肉和人其实是一样的，突然改变居住的环境，会让多肉不适应。如果是敞开的阳台，就可以淋雨，因为这样的环境与下雨的环境差别不是很大。室外露养的能否淋雨也要看情况。如果植株正处于生长迅速的时期，淋雨是没有问题的；如果植株刚修根上盆则不适合淋雨。

景天科拟石莲花属

美衣

比较小众的一个品种，养的人比较少，但是颜值并不差。莲花座形，叶片通透有质感，还有淡淡的暗纹。出状态时淡淡的橙黄色，好似自带光环，将你的目光紧紧吸引住。习性也是非常好，耐旱、稍耐半阴，喜欢温暖、干燥、通风的环境，纯腐殖质的土壤和纯颗粒的土壤都能生长良好，只是纯颗粒土养护的生长速度比较慢。叶片稍有蜡质感，浇水时不小心浇在叶片上也不要紧，用棉签或卫生纸清理掉叶心积水就可以了。只要见干见湿地浇水，不要暴晒，就可以长得很好。

养肥上色秘诀：美衣相对比较耐旱，叶片厚度属于中等的，控水时间可以稍微长一些，但注意应在秋冬季节控水，春夏季节要养好根系，适时浇水、施肥。

基本信息

推荐拼盆品种

蓝石莲

- ↔ 8~18 厘米
- 🌡 5~35℃
- ☀ 全日照
- 💧 每月 4 次
- 🍃 叶插、砍头、分株
- 🌸 春夏季节

蓝色苍鹭容易生侧芽
蓝色苍鹭底部容易长侧芽，一般一年左右即可长成群生。

多肉越肥越美

190

肉友常见养护难题

@ 阿尔： 为什么我的蓝色苍鹭和你的状态差别这么大啊？

阿尔回复： 蓝色苍鹭的颜色和状态，因为环境因素和养护方法不同会出现比较大的差别，这是很多多肉品种的共性。有的品种在缺光环境中的状态和在充足光照环境下养护的状态完全不同，根本不能相信是同一个品种。这也是多肉的魅力所在。好的状态需要根据自身环境调整养护方法。

景天科拟石莲花属

蓝色苍鹭

　　叶片较薄，略有褶皱，叶片顶端顿圆，叶尖明显。蓝色苍鹭的色彩变化比较丰富，从粉红到粉蓝，都是很梦幻的颜色。习性强健，对水分需求不多，喜欢疏松透气的土壤和通风干燥的环境。春秋生长迅速，可适当多浇水，给予最长时间的日照，这有利于根系的生长。夏季高温应注意通风、防晒，浇水还是要见干见湿，最好在晚上浇水。冬季低于 5℃ 应注意保温。叶插成功率比较高，但是掰叶子时不太容易保留完整的生长点，应轻轻地左右拉扯叶片基部。

　　养肥上色秘诀： 薄叶的多肉是养不出肥嘟嘟的感觉的，不过长期控水还是能令叶片变得短一些、厚一些，株形会更加紧凑、聚拢，比较漂亮。蓝色苍鹭的颜色依赖于长期的充足日照，日照不足无论如何养护都是很难上色的，所以养护环境必须具备每天 4 小时以上的日照。

基本信息

推荐拼盆品种

女雏

↔ 5~13 厘米

🌡 5~30℃

☀ 全日照

💧 每月 4 次

🌿 砍头、叶插

🌸 春夏季节

特色突出
吴钩的暗纹和少有的灰黑颜色使
它与众不同，非常容易辨认。

肉友常见养护难题

@ 阿尔：吴钩颜色深，是不是要
少晒太阳？

阿尔回复：大家都知道颜色深的
东西比较吸热，而颜色深的多肉
就比较不耐晒，晒的时间久了容
易出问题。这也并不是说吴钩
要少晒太阳，日照时间短对吴钩
出状态是不利的。比如气温在
10~20℃ 时，就可以全天晒太阳，
如果连续 3 天气温超过 30℃ 就需
要遮阴了。

景天科拟石莲花属

吴钩

　　叶形和颜色都很特别，大家习惯称这类颜色暗沉
的多肉为"暗黑系"。吴钩带有尖尖的"爪子"，颜色和
暗纹透着神秘感，给人特别高冷的感觉。习性较弱，
新手养护起来比较难，对水分和光照要求都比较高。
繁殖能力比较弱，叶插成功率不高，砍头是比较适合
新人的。

　　养肥上色秘诀：如果浇水太勤，或者光照不够，
是养不肥多肉的，所以，控制水分和加强光照是养肥
多肉的先决条件。在此基础上，养好根系，等气温合
适了，吴钩自然会长得又肥又美。要注意浇水时最好
不要将水淋到叶子上，以免影响暗纹的呈现。

暗冰

景天科拟石莲花属

养护难度
●●○○○

↔ 10~25 厘米

🌡 5~35℃

☀ 全日照

💧 每月 4 次

🌱 叶插、砍头

　　品相非常出众的多肉品种。叶片较长，先端锐利，叶表覆盖白霜，整体感觉比较阳刚，几乎全年都能保持通体通红。秋冬季节颜色更浓厚，呈现出暗红色。属于春秋型种，夏季高温和冬季低温都会有短时间的休眠，都需要严格控水。配土注意透气性和透水性，避免盆土长时间积水，夏季淋雨后需要让土壤迅速蒸发水分，可放置在通风的位置，也可以开电风扇增强通风。叶插繁殖成功率较高，还可以砍头繁殖。

青涩时光

景天科拟石莲花属

 养护难度
●●○○○

↔ 5~12 厘米

🌡 5~35℃

☀ 全日照

💧 每月 4 次

🌱 叶插、砍头、分株

　　周正标准的莲花座形多肉，外形和气质都比较接近莎莎女王，但是霜粉比较少，颜色更透。习性非常强健，春秋可露养，夏季需要遮阴、避雨，加强通风。夏季高温严禁白天浇水，可在晴朗有风的晚上少量浇水。冬季注意防范恶劣天气，最好在霜降节气(大概是10月中旬)前搬入室内养护。

多肉越肥越美

雪锦

景天科拟石莲花属

 养护难度
● ● ○ ○ ○

↔ 5~10 厘米

🌡 5~35℃

☀ 全日照

💧 每月 4 次

🌱 叶插、砍头、分株

　　雪莲众多杂交后代中的一种。叶片较为细长，叶尖不明显，叶缘稍有茸毛。生长期为绿色，寒凉季节可呈现出橙粉色。喜欢全日照，稍耐半阴，长时间不见光，叶片会下垂。喜欢疏松透气的沙质土壤，春秋季节浇水应见干见湿，冬季和夏季浇水量需要减少。盆土干燥时，能耐受 5℃的低温，冬季低温在 5℃徘徊时应防范冻害。

百媚生

景天科拟石莲花属

养护难度
● ● ○ ○ ○

↔ 5~12 厘米

🌡 5~35℃

☀ 全日照

💧 每月 4 次

🌱 砍头、分株、播种

　　月影系中的一员，冰边非常明显，中心生长点略扁。月影系多肉总是在冬季呈现出粉雕玉琢的状态，非常迷人。百媚生习性强健，喜欢日照，每天 4 小时的日照可满足其需求。喜欢温暖干燥的环境，夏季高温容易休眠，应减少浇水量，注意通风和遮阴，避免淋雨。

金色石英

景天科拟石莲花属

养护难度
● ○ ○ ○ ○

↔ 5~15 厘米

🌡 5~35℃

☀ 全日照

💧 每月 4 次

🍃 叶插、砍头、分株

叶片有蜡质光泽，细看还有颗粒似的纹理。光照不足或生长季为绿色，秋冬等寒凉季节会变成金黄色带淡粉色，叶尖有红点。喜欢日照充足的环境，除了夏季需要遮阴外，其他时候可以接受全日照。春秋浇水见干见湿，可促进根系生长，冬季控水后可逐渐养成有光泽的金黄色。

灵魂

景天科拟石莲花属

养护难度
● ● ○ ○ ○

↔ 10~15 厘米

🌡 5~35℃

☀ 全日照

💧 每月 4 次

🍃 砍头、分株

叶片肥厚，先端似锋利的爪子。生长季较绿，寒凉季节可转变为红褐色或血红色，叶面会有白色的暗纹。生长速度比较慢，喜欢日照，春秋可露养，浇水见干见湿。夏季需要遮阴，减少浇水量，必要时应用电风扇加强空气流通，避免高温、水湿造成黑腐。叶插繁殖比较困难，最好选择砍头、分株。

紫蝴蝶

景天科拟石莲花属

养护难度
● ● ○ ○

- ↔ 5~10 厘米
- 🌡 5~35℃
- ☀ 全日照
- 💧 每月 4 次
- 🍃 叶插、砍头、分株

　　莲花座形多肉，叶片边缘稍有褶皱且透明感比较强。非常好养的品种，喜欢疏松透气的沙质土壤，温暖、干燥的气候和通风良好的环境。喜欢全日照，但也不能在强烈光线下暴晒，夏季超过 35℃ 最好遮阴。生长期若盆土过湿，植株易徒长。夏季浇水要少，宁干勿湿。冬季每日最少接受 4 小时日照。

血色浪漫

景天科拟石莲花属

养护难度
● ● ● ○

- ↔ 5~10 厘米
- 🌡 5~35℃
- ☀ 全日照
- 💧 每月 4 次
- 🍃 砍头、分株

　　罗西玛的杂交品种，如名字一样，出状态后叶片鲜红，生长季的颜色是翠绿色。控形好的话，能长成包子状，叶缘红线非常明显。外形气质遗传了罗西玛的霸气感。习性强健，适应性较强，喜欢透水透气的土壤，干燥、通风的环境，耐干旱，不耐寒。夏季注意避免淋雨，室内养护多开窗通风。冬季放置在温暖向阳处过冬。

基本信息

推荐拼盆品种

白月影

↔ 8~18 厘米

🌡 5~35℃

☀ 全日照

💧 每月 4 次

🌱 叶插、砍头、分株

🌸 春夏季节

肉友常见养护难题

@阿尔：为什么买回来粉嫩的阿尔巴佳人被我养没了颜色？

阿尔回复：一方面的原因是养护的问题，一方面是多肉需要重新适应新的环境。如果你浇水过勤，或者光照不足，多肉就会逐渐褪去鲜艳的颜色。刚买来的多肉大部分是在大棚培育的，来到家庭环境后各方面因素都不及大棚，所以会褪色。只要根据自己的环境，掌握合理的浇水频率，增加日照时长，相信很快还会美回来的。

景天科拟石莲花属

阿尔巴佳人

光听名字就觉得是一位"大美女"吧！阿尔巴佳人是月影大家族中的一员，冰清玉洁的气质让人看一眼就沦陷。叶片肥厚，霜粉较厚，生长期为浅浅的玉质绿色，寒凉季节叶片好像害羞的少女羞红的脸颊，白里透红。习性强健，喜欢温暖、干燥，日照充足、通风良好的环境，耐干旱。土壤疏松、透气，有一定的保水能力即可。春秋季节生长较快，浇水见干见湿，夏季注意遮阴，减少浇水量，冬季放置在温暖向阳处养护，适度控水。浇水注意一定避开叶片，沿花盆边缘浇灌。

养肥上色秘诀：和所有月影系成员一样，冬季是最美的。冬季不会有什么问题出现，除了露养需要注意防寒抗冻外，剩下的就是每天尽可能地多晒太阳，浇水要间隔较长的时间，看到底部叶片出现褶皱再浇水也不迟。冬季适当的控水是很有必要的，能够使叶片更加肥厚、圆润，株形更加紧凑。

基本信息

推荐拼盆品种

厚叶月影

↔ 8~12 厘米

🌡 5~35℃

☀ 全日照

💧 每月 4 次

🌱 叶插、砍头、分株

🌸 春夏季节

肉友常见养护难题

@阿尔：如何区分正版回声？

阿尔回复：如果对回声脸盲的话，最好购买已经出状态的，出状态的是比较好认的。另外，如果没有状态，可以从叶形上分辨，叶片类似蓝宝石，稍有棱角，但比蓝宝石更大更长，颜色偏绿色。此处小图为蓝宝石，可与上面的回声对比一下，观察细节的区别。

景天科拟石莲花属

回声

　　回声是杜里万和蓝宝石的杂交后代，继承了两者的优点，叶先端棱角比较明显，生长季节为绿色，出状态时的颜色分布比较特别，叶片基部容易变粉色。露养环境下，回声会在靠近叶心附近长出大片鲜红的血斑，非常美丽。习性较为强健，叶插、砍头、分株都比较容易成活。喜欢温暖、干燥、日照充足的环境。回声喜欢疏松透气的沙质土壤，应把它放置在阳光充足、通风良好的位置养护。夏季注意控水、通风、遮阴，冬季气温低于 5℃ 应移至室内养护，并且放在向阳的温暖处。

　　养肥上色秘诀：大比例的颗粒配土能够让回声保持紧凑的株形，可选择颗粒比重占七成左右的配土，能够较好地透水透气，也有利于根系的生长。秋冬季节尽量让它晒太阳，遵循见干见湿的浇水法则，就能获得比较好的颜色。血斑的形成应该更多依赖于阳光的直接照射，室内养护环境下的状态为粉红色晕染状。

冬季和早春状态最佳

勃朗峰在冬季和早春状态都很粉嫩，连新抽出的花箭也很粉嫩。

基本信息

推荐拼盆品种

奶油黄桃

↔ 8~15 厘米

🌡 5~35℃

☀ 全日照

💧 每月 3 次

🌱 砍头、分株、叶插

🌸 春夏季节

198

肉友常见养护难题

@ 阿尔：买的勃朗峰，怎么看着像玉蝶？

阿尔回复：勃朗峰是奶油黄桃和雪莲的后代，叶形和奶油黄桃很像，奶油黄桃和玉蝶又十分相似，所以没有状态的勃朗峰看起来也有点像玉蝶。不过勃朗峰的叶面霜粉是很明显的，可以从这点上进行区分。

景天科拟石莲花属

勃朗峰

　　叶片较为宽大，蓝绿色，覆盖较厚的霜粉。出状态后如雪莲一般白里透红。勃朗峰的养护需要注意少量浇水，浇水过多很容易使植株叶片稀松，甚至化水。当然充足的日照是不能少的，夏季应放置在散射光充足的地方养护，同时注意通风和控水。冬季需要保证5℃以上的温度。生长速度较快，一年左右可以长成群生。可剪取侧芽繁殖，也可以叶插，不过出芽率比较低。

　　养肥上色秘诀：想要养肥多肉，前提是有充足的日照，然后在春夏秋三季里养壮根系。冬季循序渐进地减少水量、拉大浇水间隔。如果是南方露养，需保持盆土干燥，可在晴朗温暖的天气少量浇水。如果植株是在秋季入手的，那么还是先要以养根为主，冬季最好搬入室内养护，控水的力度不能太大。

多肉越肥越美

基本信息

推荐拼盆品种

蓝石莲

- ↔ 8~12 厘米
- 🌡 5~35℃
- ☀ 全日照
- 💧 每月 4 次
- ✂ 叶插、砍头、分株
- 🌸 春夏季节

肉友常见养护难题

@阿尔： 黑腐化水的五月花用过的土还能继续用吗？

阿尔回复： 可以重复使用，但不能立即使用，应拿到太阳底下暴晒杀菌，而且最好多晒一段时间。

五月花刚服盆的状态。五月花刚服盆时叶片稍向外展开，外围叶片还有些软。

景天科拟石莲花属
五月花

　　叶片宽而薄，先端呈半圆形，叶色偏蓝色，叶缘红线和叶片底色分界清晰，特性鲜明的一个品种。喜欢充足日照，喜欢温暖、干燥且通风的环境，耐干旱，不耐寒，忌水湿。生长期每周浇水 1 次，盆土切忌过湿。夏季根据日照强度选择合适的遮阳网，注意通风，浇水量应减少。冬季只需每月浇水一两次，盆土保持干燥。

　　养肥上色秘诀： 为了五月花在冬季有较好的颜色和株形，全年都需要强度适当的日照和适度的控水。冬季室内养护还要注意通风，通风不足会导致植株叶片稀松。大比例的颗粒土栽培，加上长期的控水，可以让叶片更加肥厚。有些人以为颗粒土太多的话，根系不容易抓牢土壤，其实只要用直径大小不一的颗粒土混合使用，就能解决颗粒土空隙太大、根系不容易抓土的问题。

基本信息

推荐拼盆品种

冰莓

↔ 5~10 厘米

🌡 5~35℃

☀ 全日照

💧 每月 4 次

🌿 叶插、砍头、分株

🌸 春夏季节

肉友常见养护难题

@阿尔：我给冰雪女王浇水一直很注意，可还是有水渍，怎么办?

阿尔回复：你说的是叶片上白色的纹路? 这不是水渍，而是我们通常所说的暗纹，是一些品种特有的。有些人欣赏不了暗纹，觉得很难看，而有些人则是非常钟爱有暗纹的品种，这就是萝卜青菜各有所爱了。

景天科拟石莲花属

冰雪女王

　　冰雪女王是十分"高冷"的一款多肉，是月影系的品种之一，出状态后真的很惊艳。生长期叶片嫩绿色，寒凉季节可转变为粉红色，状态好的能养出清晰的白色暗纹，好似冰冻一般。冬季是最美的时候，只要阳光充足状态可以维持到 3 月底。喜欢疏松透气的土壤，干燥、温暖的环境，耐干旱，忌水湿。早春可每月浇水一两次，4~6 月可每周一次，夏季应选择较为凉爽的晚上浇水，水量要少。秋季应视天气情况和植株生长状况浇水，大概每周一次。冬季应拉大浇水间隔，减少浇水量。这只是大概的情况，浇水间隔并不固定，应根据植株的生长情况和天气变化而调整。

　　养肥上色秘诀：每天接受 4 小时的日照就可满足冰雪女王的需要，如果全年日照充足，夏季和冬季合理控水，很快就能在深秋看到叶缘变粉红。如果日照时间更长的话，大部分叶片也会变成红色。即使控水不太严格，底层老叶叶缘还是会有稍浅的粉色。

推荐拼盆品种

花之鹤

↔ 8~15 厘米

🌡 5~35℃

☀ 全日照

💧 每月 4 次

🍃 叶插、砍头、分株

🌑 春夏季节

肉友常见养护难题

@ 阿尔： 晨露适合跟哪些品种一起拼盆？

阿尔回复：从养护上来说，基本上景天科的多肉都可以跟晨露拼盆。晨露四季颜色都很清新，而且花形周正，可以搭配晚霞之舞、蓝色天使等不同色系的多肉，点缀些黄金万年草会更美。

@ 阿尔： 晨露叶插的成功率如何？

阿尔回复：拟石莲花属的多肉一般都能叶插，晨露叶片较薄，出芽率一般。比较容易成功的方法还是砍头、分株繁殖。

景天科拟石莲花属
晨露

　　也称为"朝露"，中大型品种。叶片宽大，相对其他品种来说，叶片较薄，嫩绿色至黄绿色，叶缘红色。喜欢日照充足、干爽的环境，不耐寒，耐干旱，忌高温水湿。春秋季节生长迅速，夏季高温和冬季低温有短暂休眠、生长缓慢。栽培土壤可选择任何颗粒土混合30% 泥炭土，疏松透气，又有一定的保水性。夏季注意遮阴、遮雨、通风，其他时候基本不会有什么问题。

　　养肥上色秘诀： 我自己养护的晨露，一年四季颜值基本一直在的。颜色变化不是特别明显，只是秋冬时候红色边缘晕染的部分比较多，底色更清新一些。如果养护环境光照不够，浇水过多，它很快就会长成一棵绿树，所以，养护的关键还是长时间的日照，加上干透浇透，控水养护的株形比较饱满，颜色能维持更久。

附录：新人入门必知的多肉小知识

在养多肉之前了解一下多肉圈里的名词和理论知识是很有必要的，懂得这些你会更容易从整体掌握多肉的习性，还便于和多肉爱好者交流，岂不是一举多得。

多肉植物

又称"肉质植物""多浆植物"，为茎、叶肉质，具有肥厚贮水组织的观赏植物。茎肉质多浆的如仙人掌科植物，叶肉质多浆的如龙舌兰科、景天科、大戟科等多肉植物。

科名

植物分类单位的学术用语，凡是花的形态结构接近的一属或几属，可以组成植物分类系统的一科。如景天科由34属组成。

属名

植物分类单位的学术用语，每一个植物学名，必须由属名、种名和定名人组成。每一属下可以包括一种至若干种。

单头

植株茎秆单独生长，没有产生分枝。

群生

三个或三个以上的单头生长在同一个根上。

老桩

生长多年的植株，有明显木质化主干或分枝。

生长点

植物学上通常称为"分生区"，就是植物生长新叶的地方，多肉植物一般为单头的中心圆点。我们也会称叶子基部能产生根、芽的部位为生长点。

缀化

生长点异常分生、加倍，而形成一条曲线的生长点，是一种畸形变异现象。一般缀化植株会长成扁平的扇形或鸡冠形带状体。这种畸形的缀化，是某些分生组织细胞反常性发育的结果。

窗

许多多肉植物，如百合科十二卷属中的玉露、玉扇等，其叶面顶端有透明或半透明部分，称之为"窗"。

锦

又称彩斑、斑锦。茎部全体或局部丧失了制造叶绿素的功能，而其他色素相对活跃，使茎、叶表面出现红、黄、白、紫、橙等色或色斑。

气根

由地上茎部所长出的根，在虹之玉、梅兔耳、玉吊钟的成年植株上经常可见。

白霜

一些多肉叶片的表面有白霜状物质，这些是多肉植物为了遮蔽原产地强烈的阳光而进化出的自我保护手段之一。白霜被蹭掉后可以再生，但有深浅色差。

全日照

简单理解为"太阳东升西落都能够晒到太阳",大概是 8 小时的日照时长。

休眠

多肉植物处于自然生长停滞状态,会出现落叶、包叶或地上部死亡的现象,常发生在寒冷的冬季和炎热的夏季。

夏型种

生长期在夏季,而冬季呈休眠状态的多肉植物,称之为夏型种或冬眠型植物。这里的"夏季"指多肉在原产地的夏季气候,如果天气太热,多肉依旧会休眠。

冬型种

多肉植物的生长期在冬季,夏季呈休眠状态,称之为冬型种或夏眠型植物。这里的"冬季"是指多肉在原产地的冬季气候,如果天气太冷,多肉依旧会休眠。

春秋型种

也称为"中间型种",即春季和秋季生长,夏季和冬季无明显休眠。

徒长

植株茎叶疯狂伸长的现象,一般原因是缺少光照、浇水较多。不同的徒长情况有不同的形容词,比如多肉轻微徒长,叶片向外展开,几层叶片几乎位于同一水平面上,我们称之为"摊大饼";还有更严重的徒长,多肉茎秆伸长,叶片严重下垂,我们称之为"穿裙子"。

叶插

将多肉植物的完整叶片或叶片的一部分放置于土壤上,促使生根,长成新的植株的一种繁殖方法,而且大部分多肉都可以用叶插的方式繁殖。

母叶、二次叶插

叶插出芽后,用来叶插的叶子称为"母叶"。叶插小苗长大后,母叶没有化水的可摘下来再次叶插,也就是二次叶插。

砍头

也叫"打顶",将植株顶端部分和基部分离的方式,是多肉繁殖的一种方法,也可以用于植株出现严重病害时的紧急处理。

分株

将群生多肉基部生出的侧芽分离出去,单独种植的繁殖方法。

晾根

当土壤过湿和根部病害,导致多肉植物发生烂根,出现黄叶时,可将植株从土壤中取出,清理烂根、老根,把根部暴露在空气中晾干,利于消灭病菌和恢复生机。其中,把"根部暴露于空气中晾干"称之为"晾根"。

缓盆、服盆

多肉经过换盆或运输后,根系受损,需要一段时间恢复,这段时间多肉就处于缓盆阶段。多肉有生长迹象,根系恢复吸水功能,就说明多肉服盆了。

闷养

一般用于玉露、寿等百合科有窗多肉的养护,可使窗更透亮、饱满,方法是:用透明的器皿罩住要闷养的多肉,制造高湿度的小环境,一般在冬季进行。

全书多肉拼音索引

全书多肉科属索引

图书在版编目（CIP）数据

多肉越肥越美 / 阿尔主编 . -- 南京：江苏凤凰科学技术
出版社，2018.2
　（汉竹·健康爱家系列）
　ISBN 978-7-5537-7999-7

　Ⅰ . ①多… Ⅱ . ①阿… Ⅲ . ①多浆植物－观赏园艺Ⅳ .
① S682.33

中国版本图书馆 CIP 数据核字 (2017) 第 241440 号

中国健康生活图书实力品牌

多肉越肥越美

主　　　编	阿　尔	
编　　　著	汉　竹	
责 任 编 辑	刘玉锋　张晓凤	
特 邀 编 辑	苑　然　魏　娟　张　欢	
责 任 校 对	郝慧华	
责 任 监 制	曹叶平　方　晨	

出 版 发 行	江苏凤凰科学技术出版社
出版社地址	南京市湖南路 1 号 A 楼，邮编：210009
出版社网址	http://www.pspress.cn
印　　　刷	南京新世纪联盟印务有限公司

开　　　本	720 mm × 1 000 mm　1/16
印　　　张	13
字　　　数	150 000
版　　　次	2018 年 2 月第 1 版
印　　　次	2018 年 2 月第 1 次印刷

标 准 书 号	ISBN 978-7-5537-7999-7
定　　　价	49.80 元